中欧美重型车
污染物和温室气体排放标准
（ 2 0 2 4 ）

中 国 环 境 科 学 研 究 院
济南汽车检测中心有限公司   编著

中国环境出版集团 · 北京

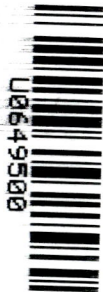

图书在版编目（CIP）数据

中欧美重型车污染物和温室气体排放标准. 2024 /
中国环境科学研究院，济南汽车检测中心有限公司编著
. -- 北京：中国环境出版集团，2024.12
ISBN 978-7-5111-5739-3

Ⅰ. ①中… Ⅱ. ①中… ②济… Ⅲ. ①汽车排气污染
－污染防治－环境标准②温室效应－有害气体－排放－环
境标准 Ⅳ. ①X734.201-65②X511-65

中国国家版本馆CIP数据核字(2023)第229214号

责任编辑　丁莞歆
装帧设计　宋　瑞

出版发行　中国环境出版集团
　　　　　　（100062　北京市东城区广渠门内大街16号）
　　　　　　网　　址：http://www.cesp.com.cn
　　　　　　电子邮箱：bjgl@cesp.com.cn
　　　　　　联系电话：010-67112765（编辑管理部）
　　　　　　　　　　　010-67147349（第四分社）
　　　　　　发行热线：010-67125803，010-67113405（传真）
　　　　　　印装质量热线：010-67113404
印　　刷　北京中献拓方科技发展有限公司
经　　销　各地新华书店
版　　次　2024年12月第1版
印　　次　2024年12月第1次印刷
开　　本　880×1230　1/64
印　　张　3.875
字　　数　150千字
定　　价　30.00元

编著组

主　　编　　纪　亮　刘顺利　王军方

副 主 编　　李　刚　丁子文

撰写人员　　解淑霞　鲍雪源　谷雪景　何立强
　　　　　　　韩　璐　赵　莹

前言

移动源污染物和温室气体排放控制始终是当前的重要课题，本书围绕重型车污染物排放法规和标准、排放测试方法、排放管理政策、重型车温室气体排放相关法规和管理政策展开介绍。

汽车、发动机排放涉及公众健康和环境保护的长远利益，但汽车排放控制措施往往与汽车发动机的动力性、经济性及生产企业的制造成本和局部利益存在一定矛盾。因此在世界范围内，汽车、发动机的排放控制工作始终是在各国政府和国际组织制定的系列排放法规的指导和强制实施管理下开展的。

20世纪末，随着汽车产量和保有量的急剧增加，汽车发动机排放的污染物的危害逐步显现。欧美等工业化国家和地区开始逐步加严排放法规，从最初的限制柴油机的烟度排放，逐步将气体污染物及颗粒物纳入标准管理范围，最后将实际道路排放测试要求纳入标准。随着发动机排放控制和排放测量技术的不断进步，排放测试方法、测试设备也不断完善，排放限值不断加严。

除污染物排放外，移动源的温室气体排放占我国温室气体排放总量的 10% 左右，重型车的温室气体排放控制在我国碳达峰、碳中和中具有重要作用。本书系统介绍了国内外有关重型车温室气体排放（燃油消耗）标准体系的发展历程和温室气体排放控制现状。

目前，世界上主流的排放标准体系主要有中国、欧盟和美国三大体系，其中欧盟和美国的标准体系被各国广泛引用。中国最初采用欧盟标准体系，经过 20 余年的不断发展和完善逐渐形成了符合中国国情的标准体系。

此外，本书还对中国移动源与温室气体相关法律、法规和政策文件作了介绍。

本书是我们从第三方视角开展的一次独立研究尝试，供广大移动源污染物和温室气体排放管控相关科研工作者随时翻阅与参考。其中，第 1 章为中国标准，由刘顺利、纪亮、鲍雪源负责撰写；第 2 章为欧洲标准，由丁子文、王军方、何立强负责撰写；第 3 章为美国标准，由赵莹、李刚、谷雪景负责撰写；第4章为相关法律、法规和政策文件，由解淑霞、韩璐负责撰写。本书在撰写过程中，经过了严谨的编审流程和细致的排版设计，以确保内容的准确性和呈现的专业性。书中所述内容均为精心甄选，但受时间所限，所选用的最新标准截至2023年12月底，在出版之际2024年以来的最新进展未能及时纳入。书中难免有片面或疏漏的地方，敬请广大读者不吝赐教。

目录

2

3

美国标准 123

中国标准

1

Emission standards for pollutants and greenhouse gases from
heavy-duty vehicles in China, Europe and America(2024)

1.1　污染物排放标准

1.1.1　发展历程

　　早在 20 世纪 80 年代，我国就颁布了一系列机动车尾气污染控制排放标准，包括《柴油车自由加速烟度排放标准》（GB 14761.6—1993）、《汽车柴油机全负荷烟度排放标准》（GB 14761.7—1993）等。但从严格意义上看，我国的重型车（HDV）排放法规是从 2001 年国一排放标准全面实施开始的。20 多年来，我国重型车排放法规从国一排放标准升级到国六排放标准，已达到国际领先水平，其详细发展历程见表 1-1。

表 1-1　中国重型车排放标准体系的发展历程

阶段	标准号	主要内容
国一 国二	GB 17691—1999	提出第一阶段（A）、第二阶段（B）排放限值及测量方法等
	GB 17691—2001	替代 GB 17691—1999，更改国一、国二阶段限值及实施日期等
国三 国四 国五	GB 17691—2005	提出国三、国四、国五阶段排放限值及测量方法等
	HJ 437—2008	提出国四、国五阶段 OBD 系统相关要求
	HJ 438—2008	提出国四、国五阶段耐久性技术要求
	HJ 439—2008	提出国四、国五阶段在用符合性技术要求
	HJ 689—2014	提出国四、国五阶段城市车辆 WHTC 工况限值及测量方法

阶段	标准号	主要内容
国三 国四 国五	HJ 857—2017	提出国五阶段车辆的车载法（PEMS）测试要求
国六	GB 17691—2018	提出国六阶段限值及测量方法等内容
	HJ 1239.1—2021 HJ 1239.2—2021 HJ 1239.3—2021	规定了重型车远程监控车载终端、企业平台、数据格式及通信协议技术要求和测试方法等

各阶段标准分别给出了型式检验（核准）时间和新车销售、注册登记时间，其具体实施时间见表 1-2。

表 1-2　重型柴油车标准实施时间

阶段	车辆类型	型式检验（核准）时间	新车销售、注册登记时间
国一	所有车辆	2000 年 9 月 1 日	2001 年 9 月 1 日
国二	所有车辆	2003 年 9 月 1 日	2004 年 9 月 1 日
国三	所有车辆	2007 年 1 月 1 日	2008 年 1 月 1 日
国四	所有车辆	2010 年 1 月 1 日	2013 年 7 月 1 日[①]
国五	燃气车辆	2012 年 1 月 1 日	2013 年 1 月 1 日[②]

阶段	车辆类型	型式检验（核准）时间	新车销售、注册登记时间
国五	所有车辆	2012 年 1 月 1 日	2016 年 4 月 1 日 [东部 11 省市，重型柴油车（仅公交、环卫、邮政用途）]③ 2017 年 1 月 1 日 [全国，重型柴油车（仅公交、环卫、邮政用途）] 2017 年 7 月 1 日 (全国，重型柴油车)
国六 a	燃气车辆	2018 年 6 月 22 日	2019 年 7 月 1 日
	城市车辆	2018 年 6 月 22 日	2020 年 7 月 1 日
	所有车辆	2018 年 6 月 22 日	2021 年 7 月 1 日
国六 b	燃气车辆	2018 年 6 月 22 日	2021 年 1 月 1 日
	所有车辆	2018 年 6 月 22 日	2023 年 7 月 1 日

注：①环境保护部公告 2011 年第 92 号《关于实施国家第四阶段车用压燃式发动机与汽车污染物排放标准的公告》；
　　②环境保护部公告 2012 年第 68 号《关于实施国家第五阶段气体燃料点燃式发动机与汽车排放标准的公告》；
　　③环境保护部、工业和信息化部公告 2016 年第 4 号《两部门关于实施第五阶段机动车排放标准的公告》。

1.1.2　污染物限值

1.1.2.1　国一、国二阶段污染物排放限值

国一、国二阶段污染物排放限值见表 1-3。

表 1-3 国一、国二阶段污染物排放限值

阶段	实施日期	污染物比排放量 / [g/ (kW·h)]				
		CO	HC	NO$_x$	PM	
					$P \leqslant 85$ kW	$P > 85$ kW
国一	2000 年 9 月 1 日	4.5 (4.9)	1.1 (1.23)	8.0 (9.0)	0.61 (0.68)	0.36 (0.40)
国二	2003 年 9 月 1 日	4.0	1.1	7.0	0.15	0.15

注：括号内为生产一致性限值，国二阶段型式检验限值和生产一致性限值相同；
　　P 代表发动机功率。

1.1.2.2　国三、国四及国五阶段污染物排放限值

ETC 在国三、国四及国五阶段的试验限值见表 1-4。

表 1-4　ETC 试验限值

阶段	污染物比排放量 / [g/ (kW·h)]				
	CO	NMHC	CH$_4$ [1]	NO$_x$	PM [2]
国三	5.45	0.78	1.6	5.0	0.16/0.21 [3]
国四	4.0	0.55	1.1	3.5	0.03
国五	4.0	0.55	1.1	2.0	0.03

注：①仅针对 NG 发动机；
　　②不适用于国三、国四及国五阶段的燃气发动机；
　　③针对每缸排量低于 0.75 dm³ 及额定功率转速超过 3 000 r/min 的发动机。

ESC 和 ELR 在国三、国四及国五阶段的试验限值见表 1-5。

表 1-5 ESC 和 ELR 试验限值

阶段	污染物比排放量 / [g/（kW·h）]				烟度 /m⁻¹
	CO	HC	NOₓ	PM	
国三	2.1	0.66	5.0	0.10/0.13①	0.8
国四	1.5	0.46	3.5	0.02	0.5
国五	1.5	0.46	2.0	0.02	0.5

注：①针对每缸排量低于 0.75 dm³ 及额定功率转速超过 3 000 r/min 的发动机。

HJ 689—2014 规定总质量大于 3 500 kg 的城市车辆装用的柴油机需另外满足 WHTC 试验排放限值，见表 1-6。

表 1-6 国四、国五阶段 WHTC 试验排放限值

阶段	污染物比排放量 / [g/（kW·h）]			
	CO	HC	NOₓ	PM
国四	4.0	0.55	4.20	0.03
国五	4.0	0.55	2.80	0.03

HJ 857—2017 规定了国五阶段重型柴油车、气体燃料车的 PEMS 排放限值，见表 1-7。

表 1-7　国五阶段 PEMS 排放限值

阶段	污染物比排放量 / [g/（kW·h）]			
	CO	NO$_x$	HC	PM
国五	≤ 6.0	≤ 6.0	报告（可选项）	报告（可选项）

1.1.2.3　国六阶段污染物排放限值

国六阶段发动机标准循环排放限值见表 1-8。

表 1-8　国六阶段发动机标准循环排放限值

试验	污染物比排放量 / [mg/（kW·h）]						NH$_3$/ppm [3]（体积分数）	PN/[#/（kW·h）]
	CO	THC	NMHC	CH$_4$	NO$_x$	PM		
WHSC 工况（CI[1]）	1 500	130	—	—	400	10	10	8.0×10^{11}
WHTC 工况（CI[1]）	4 000	160	—	—	460	10	10	6.0×10^{11}
WHTC 工况（PI[2]）	4 000	—	160	500	460	10	10	6.0×10^{11}

注：① CI= 压燃式发动机；

② PI= 点燃式发动机；

③ ppm 是 per part million 的缩写，代表 10^{-6}。

国六阶段发动机非标准循环（WNTE）排放限值见表 1-9。

表 1-9 国六阶段发动机非标准循环（WNTE）排放限值

试验	污染物比排放量 / [mg/（kW·h）]			
	CO	THC	NO_x	PM
WNTE 工况	2 000	220	600	16

国六阶段 PEMS 试验排放限值见表 1-10。

表 1-10 国六阶段 PEMS 试验排放限值

发动机类型	污染物比排放量 / [mg/（kW·h）]			PN（国六 b）/ [#/（kW·h）]
	CO	THC	NO_x	
压燃式	6 000	—	690	1.2×10^{12}
点燃式	6 000	240（LPG）750（NG）	690	—
双燃料	6 000	1.5×WHTC 限值	690	1.2×10^{12}

1.1.3 试验方法

不同阶段有不同的试验工况，其发展历程汇总见表 1-11。

表 1-11　试验工况发展历程

阶段	试验工况
国一	13 工况
国二	
国三	ESC
国四	ETC
国五	ELR
国六	WHSC
	WHTC
	WNTE
	整车 PEMS

1.1.3.1　国一、国二阶段

ECE R49 13 工况循环：由 13 个不同转速及负载的工况组成。最终排放结果是 13 个工况的加权平均值（图 1-1）。

1.1.3.2　国三、国四及国五阶段

（1）ESC 循环

ESC 循环包括多个不同转速和负载的工况点，这些工况涵盖了柴油发动机的典型运行范围。ESC 循环由 13 个稳态工况和 3 个随机工况组成，其排放结果是由 13 个不同权重的工况加权平均值组成的，3 个随机点要在排放控制区内选取进行测试（图 1-2）。

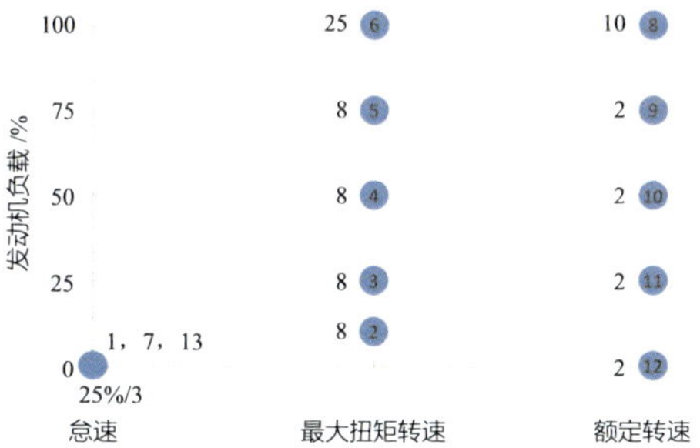

图 1-1　13 工况循环工况

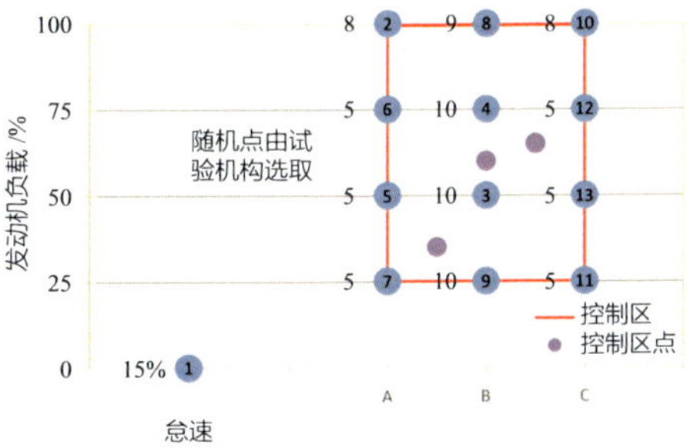

图 1-2　ESC 循环工况

随机点的排放控制区指发动机 A 转速和 C 转速之间负荷在 25% ～ 100% 的区域，在 3 个随机点的测试中只测量 NO_x 的比排放量。它们不能超过 4 个最近工况的 1.1 倍。这种 NO_x 控制检查确保了发动机在典型运行区域内排放控制的有效性。

ETC 循环由 1 800 个逐秒变化的工况组成，测试循环包括 3 个部分，即 1/3 的城市道路工况、1/3 的市郊道路工况、1/3 的高速道路工况（图 1-3）。

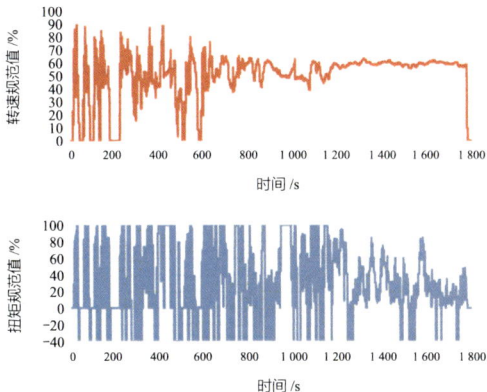

图 1-3　ETC 循环工况

（3）ELR 循环

ELR 循环是由固定速度采样（工况1、工况2、工况3）和随机采样（工况4）组成的（图1-4），用于测量柴油机的烟度。工况4用随机转速和随机初始负载表示。采样过程中的烟度测量值不得超过相近转速最高排放的20%或限值的5%，二者中取较大值。

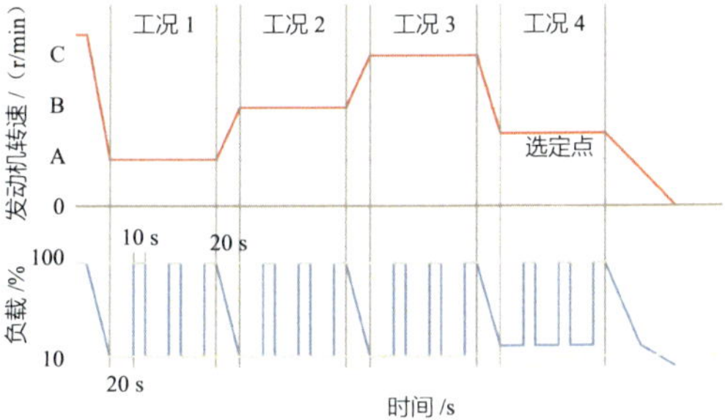

（4）PEMS 试验

PEMS 试验应按市区—市郊—高速的行驶顺序连续进行。根据车辆行驶速度

图 1-4　ELR 循环工况

的快慢区分车辆运行道路的属性，其工况见表1-12。对于市区道路，车辆行驶速度在 0 ～ 50 km/h，平均车速为 15 ～ 30 km/h；对于市郊道路，将第一个出现车速超过 55 km/h 的短行程记为市郊道路的开始，车辆行驶速度不超过 75 km/h，平均车速为 45 ～ 70 km/h；对于高速道路，将第一个出现车速超过 75 km/h 的短行程记为高速道路的开始，车辆平均行驶速度大于 70 km/h。计算方式为功基窗口法。

表 1-12　PEMS 试验车辆类别及工况占比

道路类型	不同类别车辆工况占比 /%		
	M₁/M₂/M₃/N₂[①]	N₃[②]	城市车辆
市区	20	10	70
市郊	25	10	30
高速	55	80	0

注：①不包括城市车辆；

　　②不包括邮政、环卫车辆；

M_1、M_2、M_3、N_2、N_3 为 GB/T 15089—2001 规定的车辆类型。

1.1.3.3 国六阶段

（1）稳态循环（WHSC）

WHSC 发动机在台架上按照标准规定顺序及运行时间连续进行 13 个稳态工况点的试验循环（图 1-5、表 1-13）。

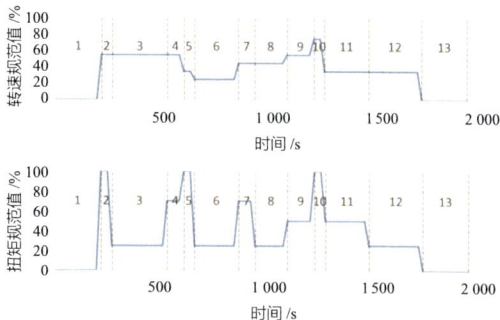

图 1-5　WHSC 工况

表 1-13　WHSC 试验循环工况

序号	转速规范值 /%	扭矩规范值 /%	工况时间 /s
1	0	0	210
2	55	100	50
3	55	25	250
4	55	70	75
5	35	100	50
6	25	25	200
7	45	70	75
8	45	25	150
9	55	50	125
10	75	100	50
11	35	50	200
12	35	25	250
13	0	0	210
合计	—	—	1 895

（2）瞬态循环（WHTC）

WHTC 指发动机在台架上根据标准规定按照逐秒变化的瞬态工况运行的试验循环，如图 1-6 所示。

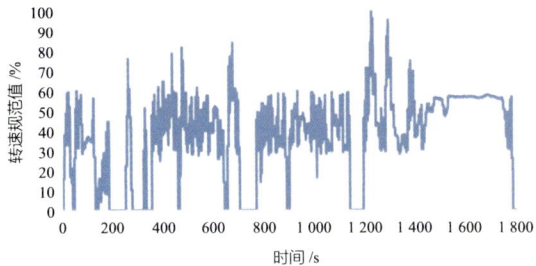

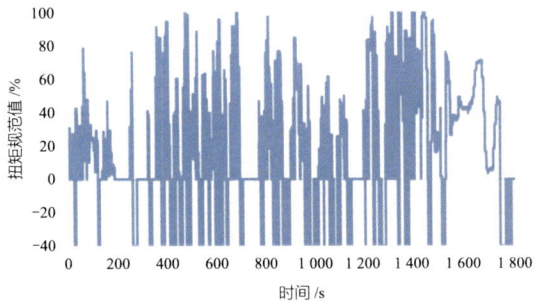

图 1-6　WHTC 工况

（3）非标准循环（WNTE）

WNTE 指在排放控制区内由随机产生的 15 个工况点组成的稳态试验循环。具体做法是，若发动机额定转速不大于 3 000 r/min，则在控制区划分 9 个网格区域，如图 1-7（a）所示；若发动机额定转速大于 3 000 r/min，则划分 12 个网格区域，如图 1-7（b）所示。然后从中随机选择 3 个网格，每个网格随机选择 5 个工况点，组成 15 个工况点的测试循环。详细测试方法见 GB 17691—2018 附录 E.6。

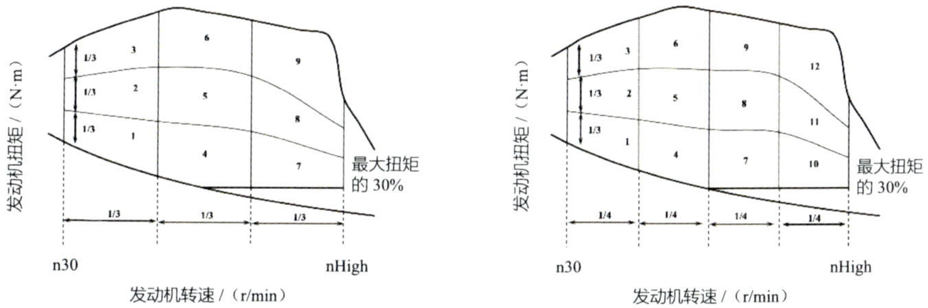

（a）发动机额定转速 ≤ 3 000 r/min   （b）发动机额定转速 > 3 000 r/min

图 1-7 WNTE 试验网格

对于排气污染物，每个网格的排放结果都应满足限值要求；对于 PM 质量，要求整个试验循环满足限值要求，见表 1-9。

（4）整车 PEMS 试验

根据车辆行驶速度的快慢，区分车辆运行道路的属性，见表 1-14。对于市区道路，车辆行驶速度为 15 ～ 30 km/h；对于市郊道路，车辆行驶速度为 45 ～ 70 km/h；对于高速道路，车辆行驶速度大于 70 km/h。计算方式为功基窗口法。

表 1-14　PEMS 车辆类别及工况占比

道路类型	不同类别车辆工况占比 /%			
	M_1/N_1	$M_2/M_3/N_2$[①]	N_3[①]	城市车辆
市区	34	45	20	70
市郊	33	25	25	30
高速	33	30	55	0

注：①不包括城市车辆。

1.1.4　耐久性及质保期要求

耐久性要求是为确保定型或批量生产的车辆在规定的有效寿命期内的排气污染物都能满足限值要求。

1.1.4.1　国四、国五阶段

从国四阶段开始对车辆有效寿命提出了要求，见表 1-15。

表 1-15　最短行驶里程及有效寿命期

汽车分类	有效寿命（以先到为准）		允许最短试验里程 /km
	行驶里程 /km	使用时间 /a	
M_1	100 000	5	100 000
M_2	100 000	5	100 000
M_3［Ⅰ、Ⅱ、A、B（GVM ≤ 7.5 t）］	200 000	6	125 000
M_3［Ⅲ、B（GVM > 7.5 t）］	500 000	7	167 000
N_1	100 000	5	100 000
N_2	200 000	6	125 000
N_3（GVM ≤ 16 t）	200 000	6	125 000
N_3（GVM > 16 t）	500 000	7	167 000

在型式核准申报时，若实际耐久性试验尚未完成，汽车或发动机制造企业可以暂时使用指定劣化系数（表 1-16）替代实际劣化系数。耐久性试验结束后，需用实际劣化系数对型式核准的试验数据进行校验。

表 1-16　指定劣化系数

类型	试验循环	CO	HC	NMHC	CH₄	NOₓ	PM
柴油机	ESC	1.1	1.05	—	—	1.05	1.1
	ETC	1.1	1.05	—	—	1.05	1.1
气体机	ESC	1.1	1.05	1.05	1.2	1.05	—

1.1.4.2　国六阶段

与国五阶段的耐久性相比，重型柴油车国六阶段各类车型均提高了车辆有效寿命期里程要求，见表 1-17。企业可以通过耐久试验获取实际劣化系数，也可以不进行耐久试验，直接采用标准推荐的劣化系数，见表 1-18。

表 1-17　最短行驶里程及有效寿命期

车辆分类	最短行驶里程 /km	有效寿命期（以先到为准）	
		行驶里程 /km	使用时间 /a
N₁	160 000	200 000	5
N₂	188 000	300 000	6
N₃ ≤ 16 t	188 000	300 000	6
16 t < N₃ ≤ 18t	233 000	300 000	6
N₃ > 18t	233 000	700 000	7

车辆分类	最短行驶里程 /km	有效寿命期（以先到为准）	
		行驶里程 /km	使用时间 /a
M_1	160 000	200 000	5
M_2	160 000	200 000	5
M_3 [Ⅰ、Ⅱ、A、B（GVM ≤ 7.5t）]	188 000	300 000	6
M_3 [Ⅲ、B（GVM > 7.5t）]	233 000	700 000	7

表 1-18　重型柴油车国六标准推荐的劣化系数

试验循环	CO	THC[①]	NMHC[②]	CH_4[②]	NO_x	NH_3	PM	PN
WHSC	1.3	1.3	1.4	1.4	1.15	1.0	1.05	1.0
WHTC	1.3	1.3	1.4	1.4	1.15	1.0	1.05	1.0

注：①适用于压燃式发动机；
　　②适用于点燃式发动机。

1.1.5　OBD

1.1.5.1　发展历程

从国四阶段开始提出了对 OBD 的要求，见表 1-19。

表 1-19　OBD 发展历程

阶段	OBD 阶段	标准号
国四	OBD 1	HJ 437—2008
国五	OBD 2	
国六	—	GB 17691—2018

1.1.5.2　OBD 限值

国四、国五阶段的 OBD 限值要求见表 1-20，国六阶段的 OBD 限值要求见表 1-21。

表 1-20　国四、国五阶段 OBD 限值

阶段	限值 / [g/（kW·h）]	
	NO_x	PM
国四	$5.0^①/7.0^②$	0.1
国五	$3.5^①/7.0^②$	0.1
EEV	$3.5^①/7.0^②$	0.1

注：①此限值仅适用于 NO_x 控制限值，当 ETC 试验排放值超过此限值时，故障指示器被激活；

　②OBD 1 是 ESC 试验循环下的限值，OBD 2 及 NO_x 控制是 ETC 试验循环下的限值，当 NO_x 控制超过此限值时扭矩限制器将被激活。

表 1-21　国六阶段 OBD 限值

污染物	污染物比排放量 /［mg/（kW·h）］		
	NOₓ	PM	CO
压燃式发动机	1 200	25	—
气体燃料点燃式发动机	1 200	—	7 500

1.1.5.3　OBD 监测要求

（1）国四、国五阶段

OBD1 适用于柴油发动机和装用柴油发动机的汽车的 OBD 系统。当出现故障导致排放超出限值时，应当显示排放相关部件或系统的故障，并向驾驶员提示故障的存在（表 1-22）。

表 1-22　OBD 1 监控区域及内容

监控区域（如适用）	故障内容
后处理系统	<ul><li>催化转化器拆除；</li><li>deNOₓ（除 NOₓ）系统效率降低；</li><li>颗粒捕集器效率降低；</li><li>组合式降 NOₓ-PM 系统效率降低</li></ul>

监控区域（如适用）	故障内容
deNO$_x$ 系统	• 系统被完全拆除或被假系统替代； • 缺少反应剂及反应剂消耗量异常； • 系统电器件故障； • 反应剂供给系统故障
颗粒捕集器系统	• 压差超限； • 系统电器件故障； • 反应剂定量喷射系统故障
燃料系统	• 燃料喷射系统故障； • 燃料计量装置故障； • 正时执行器电路连续性异常； • 总功能性故障
发动机或后处理系统与排放相关的部件	• EGR 系统故障； • 进气及增压系统故障； • 再生控制系统故障

OBD 2 适用于所有柴油发动机或气体燃料发动机及装用柴油发动机或气体燃料发动机的汽车的 OBD 系统。当出现故障导致排放超出限值时，应当显示排放相关部件或系统的故障，并向驾驶员提示故障的存在（表 1-23）。

表 1-23 OBD 2 监控区域及内容

监控区域（如适用）	故障内容
后处理系统	• deNO$_x$ 系统效率降低； • 颗粒捕集器效率降低； • 组合式降 NO$_x$-PM 系统效率降低
通信系统	• ECU 与其他动力总成或汽车电气或电子系统（如变速箱电控单元）之间的通信界面的电中断
燃料系统	• 燃料喷射系统故障； • 燃料计量装置故障； • 正时执行器电路连续性异常； • 总功能性故障
发动机或后处理系统与排放相关的部件	• EGR 系统故障； • 进气及增压系统故障； • 再生控制系统故障
反应剂供给系统	• 必需的反应剂的缺少； • 反应剂的消耗量异常； • 反应剂给料活动异常

NO$_x$ 控制要求即为确保 NO$_x$ 控制措施正确工作而提出的要求，见表 1-24。

表 1-24　NO$_x$ 控制要求

监控区域	控制方式
发动机系统的 NO$_x$ 控制 • 缺少所需反应剂； • EGR 流量不正确； • EGR 不动作等	通过相关传感器监测排气中 NO$_x$ 排放量： • 当 NO$_x$ 排放 OBD 相应阶段限值 +1.5 g/（kW·h）时，应激活故障指示器（MI）以通知驾驶员； • 当 NO$_x$ 排放超过 7 g/（kW·h）时，应激活扭矩限制器以降低发动机性能，故障指示器警示驾驶员，并存储不可清除故障码。 应存储确定 NO$_x$ 超标原因的不可清除故障码
反应剂控制 • 反应剂贮量低于贮存罐的 10% 容量，或低于制造企业选择的高于 10% 的百分比； • 反应剂余量能行驶距离小于燃油箱内剩余燃料能行驶距离； • 反应剂耗尽； • 反应剂实际平均消耗量与理论平均消耗量差值超过 50%（发动机前 48 h 运行时间或至少 15 L 反应剂消耗运行期间，选择二者中时间较长者与理论平均消耗量进行比较）	• 反应剂贮存余量指示器报警； • 反应剂贮存余量指示器报警； • 激活故障指示器以警示驾驶员，同时激活扭矩限制器以降低发动机性能

监控区域	控制方式
防止排气后处理系统损坏的措施	当发动机怠速且出现需要激活扭矩限制器的故障时，应限制发动机的扭矩： • 对于 $N_3 > 16\,000\,kg$，$M_1 > 7\,500\,kg$，$M_3/\,III$ 和 $M_3/B > 7\,500\,kg$ 的车辆，不超过发动机最大扭矩的 60%； • 对于 N_1、N_2、$N_3 \leqslant 16\,000\,kg$，$3\,500\,kg < M_1 < 7\,500\,kg$，$M_2$、$M_3/\,I$、$M_3/A$ 和 $M_3/B \leqslant 7\,500\,kg$ 的车辆，不超过最大扭矩的 75% 当发动机怠速时，若激活扭矩限制器的条件已不存在，则扭矩限制器应自动复原到未激活状态
排放控制监测系统失效 各传感器电器故障、拆除和无法监测排放增加的故障，如：NO_x 浓度传感器、尿素质量传感器、反应剂给料动作监测传感器、EGR 率、反应剂存量等	• 若确定排放控制监测系统存在故障，系统应立即激活故障指示器以警告驾驶员； • 如果故障在发动机运行 50 h 后仍未被修复，应自动激活扭矩限制器；关于排放控制监测系统失效的故障代码，采用任何通用诊断仪都不能将其从系统存储器内清除，至少保留发动机工作 400 d 或 9 600 h

OBD 系统运行和监测功能临时中断的条件见表 1-25。

表 1-25　OBD 系统运行和监测功能的临时中断

OBD 系统运行和监测功能临时中断的条件	描述
OBD 系统运行条件： • 环境温度范围 275 ～ 373 K • 海拔低于 1 000 m • 发动机冷却液温度范围 343 ～ 373 K	超出运行条件范围会导致 OBD 系统性能出现某种程度的降低，可能导致在 OBD 系统显示故障信号之前排放超限值，这是允许的

OBD 系统运行和监测功能临时中断的条件	描述
油箱液面低于名义容量的 20%	OBD 系统可以中断
辅助排放控制策略工作期间	受影响的 OBD 系统可以临时中断
安全或跛行回家策略被激活	受影响的 OBD 系统可以临时中断
对于设计可安装取力装置的汽车，在取力装置被激活且汽车未行走的情况下	受影响的 OBD 系统可以临时中断
排气后处理周期性再生期间	受影响的 OBD 系统可以临时中断
其他 OBD 系统监测能力受限制的情况（需证明）	受影响的 OBD 系统可以临时中断
对某部件评价存在安全或导致部件故障的风险	不要求 OBD 系统对此进行评价

（2）国六阶段

国六阶段的故障分类要求见表 1-26。

表 1-26 国六阶段故障分类要求

故障等级		故障描述
A		若故障导致的排放超过相应的 OBD 限值（OTLs），则将该故障划分为 A 类故障。当 A 类故障发生时，排放也可不超过 OBD 限值
B	B1	若故障导致的排放可能超过 OTLs，但它对排放的影响存在不确定性，则实际的排放可能高于或低于 OTLs。在这种情况下将该故障划分为 B1 类故障，如基于传感器读数的排放水平监测或影响其他监测能力的故障。 B1 类故障应包括影响 OBD 系统执行对 A 类和 B1 类故障监测功能的故障

故障等级		故障描述
B	B2	对于影响排放但又不超过 OTLs 限值的故障，可将其定义为 B2 类故障。 影响 OBD 系统执行对 B2 类故障监测功能的故障要划分为 B1 类或者 B2 类
C		对于可能影响排放但不会超过标准限值的故障，可将其定义为 C 类故障。 影响 OBD 系统执行对 C 类故障监测功能的故障要划分为 C 类或者 B2 类

国六阶段 OBD 监测要求见表 1-27。

表 1-27　国六阶段 OBD 监测要求

监控区域	故障内容
电器 / 电子部件监测 至少包括压力传感器、温度传感器、排气传感器和氧传感器（如有）、爆震传感器、排气中的燃油或反应剂喷射器、排气燃烧器或加热器、电热塞、进气加热器	反馈闭环控制，OBD 系统要对其设计的反馈控制能力进行部件监测，如在生产企业指定的时间间隔内没有进行反馈控制，系统不能进行反馈控制，反馈控制调节参数已超出生产企业设定范围。 应特别强调的是，如果反应剂喷射为闭环控制，也须满足本款的监测要求，但所检测到的故障不应划分为 C 类故障。 注：这些规定适用于所有的电器 / 电子元件，即使它们属于其他不同的监测系统

监控区域	故障内容
颗粒捕集器（DPF）系统 OBD 系统要监测 DPF 系统的部件和性能参数。 a) DPF 载体：当 DPF 不能捕集颗粒时（DPF 载体完全损坏、移除、丢失或颗粒捕集器被一个消音器或直管所取代）。 b) DPF 性能：当 DPF 堵塞时。 c) DPF 性能：当 DPF 性能下降并导致颗粒排放超过 OBD 限值时，监测 DPF 的过滤和再生过程	a) 检测出故障——严重功能性故障监测。 b) 检测出故障——严重功能性故障监测。 c) 检测出故障——排放限值监测。 注：还需对 DPF 周期性再生装置能否达到预期的设计功能进行监测（如在生产企业规定的时间内进行再生、根据命令进行再生等），这是与该装置有关的部件监测的一个技术要素
选择性催化还原（SCR）监测 a) 主动／喷入式反应剂喷射系统：喷射系统正常调节反应剂喷射量的能力。 b) 主动／喷入的反应剂：不同于燃料的车载反应剂（如尿素、氨气等）的可用性和反应剂的正常消耗量。 c) 主动／喷入的反应剂：不同于燃料的车载反应剂（如尿素等）的质量。 d) SCR 催化器转化效率：SCR 催化器转化 NO_x 的效率。 e) 当 SCR 后处理器采用钒基催化剂时的温度监测：要求安装监测 SCR 钒基催化器温度的传感器，以有效监控 SCR 工作温度；生产企业应设计相应的发动机控制策略以保证在任何工况下 SCR 催化器的温度不超过 550℃	a) 功能监测。 b) 功能监测。 c) 功能监测。 d) 排放限值监测。 e) 如下述功能监测：当使用钒基催化剂的后处理温度传感器监测到 SCR 催化器温度超过 550℃，则立即通过报警系统显示 SCR 催化器的温度超过 550℃ 的报警信息，直接判定为 A 类故障并记录"确认并激活的"A 类故障码，尽管排放可能不超过 OBD 限值

监控区域	故障内容
稀薄 NO_x 捕捉器 /LNT（或 NO_x 吸附器）监测 a）LNT 性能：LNT 系统吸附或存储转化 NO_x 的能力。 b）LNT 主动／喷入式反应剂喷射系统：系统正常喷射反应剂的能力。	a）排放限值监测。 b）功能监测
氧化催化器（包括柴油氧化催化器 DOC）监测 a）HC 转化效率：氧化催化器转化其他后处理装置上游 HC 的能力。 b）HC 转化效率：氧化催化器转化其他后处理装置下游 HC 的能力	a）严重功能性故障监测。 b）严重功能性故障监测
废气再循环系统（EGR）监测 a1）EGR 低／高的流量：EGR 系统保持 EGR 流量控制的能力，监测"流量太低"和"流量太高"的情况。 a2）EGR 流量低：EGR 系统保持 EGR 流量控制的能力，监测"流量太低"的情况——本条款规定的严重功能性故障或功能监测。 b）EGR 执行器响应慢：EGR 系统在生产企业规定的时间内完成 EGR 调控的能力。 c1）EGR 冷却器冷却性能不良：EGR 冷却器未达到生产企业设计的冷却性能。 c2）EGR 冷却器冷却性能不良：EGR 冷却器不满足生产企业设计的冷却性能。	a1）柴油发动机进行排放限值监测，气体燃料发动机进行功能监测。 a2）进行如下述严重功能性故障或功能监测：即使在 EGR 流量控制出现严重功能性故障时排放也不超过 OBD 限值的情况下（如发动机排气下游的 SCR 系统正常工作的情况下），当 EGR 流量控制采用闭环控制系统时，如果不能通过增加 EGR 流量达到流量控制要求，OBD 系统应监测到该故障，该故障不能作为 C 类故障；在 EGR 流量控制采用开环控制系统的情况下，当设定了 EGR 流量而系统无法检测到该流量时，OBD 系统应监测到该故障，该故障不能作为 C 类故障。 b）功能监测。 c1）功能监测。

监控区域	故障内容
	c2）如下述严重功能性故障监测：当 EGR 冷却器功能完全失效导致无法满足生产企业设计的冷却能力时，可能导致监测系统不会监测该故障（因为故障导致的任意污染物排放增加都没有超过 OBD 限值），若监测系统监测不到 EGR 冷却器的冷却效果，OBD 系统应检测出该故障，该故障不能作为 C 类故障
燃料系统监测 a）燃油系统压力控制：燃油系统以闭环方式实现燃油压力调控的能力。 b）燃油系统压力控制：通过其他参数可单独控制燃油压力的系统，燃油系统通过闭环方式实现燃油压力调控的能力。 c）喷油正时：当发动机安装适用的传感器时，对于至少一次喷射过程，燃油系统能够实现喷射正时调控的能力。 d）燃料喷射量：当发动机安装适用的传感器时，至少在一次喷射事件（如预喷、主喷或后喷）中，通过检测实际控制喷射量与预期喷射量的误差监测喷射系统实现燃料量控制的能力。 注：作为 d）项的替代方案，如果发动机没有安装适用的传感器，生产企业应至少监控喷油器失效（如喷油器的堵塞、污染或者磨损）对排放控制系统的长期影响，即使失效导致排放不超过 OBD 限值。 e）燃料喷射系统：维持空燃比的能力（包括但不限于自适应特性）	a）功能监测（仅适用于柴油机）。 b）功能监测（仅适用于柴油机）。 c）功能监测（仅适用于柴油机）。 d）排放限值监测（仅适用于柴油机）。 e）功能监测（仅适用于气体机）

监控区域	故障内容
进气调节和涡轮增压压力控制系统监测 a1）增压压力低 / 高：增压器能够保持所需的增压压力的能力，监测"增压压力过低"和"增压压力过高"的情况——排放限值监测。 a2）增压压力低 / 高：增压器能够保持所需的增压压力的能力，监测"增压压力过低"和"增压压力过高"的条件——功能监测。 a3）增压压力过低：增压器系统能够保持所需的增压压力的能力，监测"增压压力过低"的情况——本条款中规定的严重功能性故障或功能监测。 b）可变截面涡轮增压器响应慢：VGT 系统在生产企业规定的时间内达到所需几何截面积的能力。 c）中冷器：中冷器系统的效率	a1）排放限值监测（仅适用于柴油机）。 a2）功能监测（仅适用于气体机）。 a3）如下述严重功能性故障或功能监测：对于增压压力闭环控制系统，即使在增压系统保持所需增压压力的功能出现严重功能性故障时排放也不超过 OBD 限值，OBD 系统应该监测到增压系统不能提高增压压力至设定压力的故障，该故障不能作为 C 类故障；对于增压压力开环控制系统，即使在增压系统保持所需增压压力的功能出现严重功能性故障时排放也不超过 OBD 限值，OBD 系统应在系统需要增压但检测不到增压压力增加时发现该故障，该故障不能作为 C 类故障。 b）功能监测。 c）严重功能性故障监测
可变气门正时系统（VVT）监测 a）VVT 目标误差：VVT 系统达到设定气门正时的能力。 b）VVT 响应慢：在生产企业设计的时间间隔内 VVT 系统实现预定的气门正时控制的能力	a）功能监测。 b）功能监测
失火监测 a）无要求（仅适用柴油机）。 b）失火可能导致催化器损坏（如一段时期内失火发生的百分比）	a）无要求（仅适用柴油机）。 b）功能监测（仅适用于气体机）

监控区域	故障内容
曲轴箱通风（CV）系统监测（仅点燃式发动机适用） 曲轴箱与 CV 阀或 CV 阀与进气歧管之间的连接断开，OBD 系统应检测出故障，下列情况除外： • 系统断开会导致机油消耗量迅速增加或其他 CV 系统的明显故障，而这些严重问题驾驶员都能够及时发现并检修，则可以豁免该项监测； • 如果 CV 阀的设计是直接紧固在曲轴箱上的，并且把 CV 阀从曲轴箱上拆卸下来需要先断开 CV 阀与进气管路之间的连接，而 CV 阀和进气管路间的连接已监测，则生态环境主管部门可允许制造厂不对曲轴箱与 CV 阀的连接断开故障进行监测； • 如果能够确认曲轴箱与 CV 阀间的连接属于能够防止连接的老化或者意外断开、断开 CV 阀与曲轴箱之间的连接明显比断开 CV 阀与进气管之间的连接更困难及制造厂在对 CV 系统以外部分进行维护和服务时不涉及 CV 系统 3 种情况，并向国务院生态环境主管部门报备后，可不实施监测，生产企业应当提交技术数据和 / 或工程评估文件； • 向主管部门报备后，在 CV 阀与进气管间连接管路的"断开"会导致发动机在怠速运行时立刻停机、CV 阀与进气管集成化设计（如 CV 阀与进气管间连接管路是机体内部通道，而不是外部管路）不会导致 CV 阀与进气管间连接管路的"断开"2 种情况下，可不对 CV 阀与进气管间连接管路的"断开"进行监测。生产企业应当提交技术数据和 / 或工程评估文件；	功能监测

监控区域	故障内容
• 如果制造厂能够证明 CV 系统的故障监测需要增加额外的监控硬件才能明确确认为 CV 系统的故障，那么存储的有关 CV 系统的故障代码不需要特别地指定为 CV 系统（如可以存储为有关怠速转速控制或燃料系统监控的故障代码），但生产企业在检测到故障的修复程序中必须包括检查 CV 系统	
发动机冷却系统监测 发动机冷却液温度（节温器）：节温器阀门开度卡滞。如果节温器故障不会导致其他任何 OBD 监测功能失效，则生产企业无需监测节温器。 • 如果发动机冷却液温度或发动机冷却液温度传感器不用于任何排放控制系统闭环 / 反馈控制的使能控制，或者不会导致其他任何 OBD 监测失效，则生产企业无须监测。 • 为避免发动机可能出现误诊断的条件（如车辆怠速运行时间超过热车时间的 50% ～ 75% 时），生产企业可暂停或推迟达到闭环控制所需温度的时间监测	严重功能性故障监测
排气和氧传感器监测 a）发动机系统的排气传感器的电器元件——部件监测。 b）包括主、副氧传感器（燃料控制），传感器应作为排气传感器进行监测	a）部件监测。 b）部件监测（仅适用于气体机）

监控区域	故障内容
怠速控制系统监测 发动机怠速控制系统的电器元件	反馈闭环控制，OBD 系统要对其设计的反馈控制能力进行部件监测，如在生产企业指定的时间间隔内没有进行反馈控制，系统不能进行反馈控制，反馈控制调节参数已超出生产企业设定的范围
三元催化器监测（仅气体机适用） 三元催化器转化效率：催化器转化 NO_x 和 CO 的能力	排放限值监测

1.1.5.4　冻结帧和数据流信息

当存储一个潜在的故障代码或确认并激活的故障代码时，至少要保存冻结帧信息。冻结帧记录了故障代码存储时车辆操作条件的相关数据，见表 1-28 至表 1-31。（下列表格中 √ 表示有要求。）

表 1-28　强制性要求

参数	冻结帧	数据流
计算负荷（当前转速下发动机最大扭矩的百分比）	√	√
发动机转速	√	√
发动机冷却液温度（或等效量）	√	√
大气压力（直接测量或估计值）	√	√

参数	冻结帧	数据流
发动机最大基准扭矩	—	√
发动机净输出扭矩（作为发动机最大基准扭矩的百分比），或发动机实际扭矩 / 指示扭矩（作为发动机最大基准扭矩的百分比，如依据喷射的燃料量计算获得）	—	√
摩擦扭矩（作为发动机最大基准扭矩的百分比）	—	√
发动机燃料流量	—	√
空气质量流量传感器读取的进气量[1]	√	√
颗粒捕集器压差[1]	√	√
SCR 催化器入口温度[1]	√	√
NO$_x$ 传感器输出[1]	—	√

注：[1]如果发动机系统配备了相应的传感器，采用实际传感器输出值。若没有配备相应的传感器，可采用间接计算值。

表 1-29   选择的发动机转速和负荷信息

参数	冻结帧	数据流
驾驶员需求的发动机扭矩（最大扭矩百分比）	√	√
实际发动机扭矩（发动机最大扭矩百分比的计算值，如通过设定的燃油喷射量计算）	√	√
以发动机转速为函数表示的发动机最大基准扭矩	—	√
发动机启动后的持续时间	√	√

表 1-30　可选信息（排放或 OBD 系统使用的用于使能或禁止其他 OBD 信息的参数）

参数	冻结帧	数据流
燃料液位（如名义油箱容积的百分比）或燃料箱压力（如可用燃料箱压力范围内的百分比），如适用	√	√
发动机机油温度	√	√
车速	√	√
天然气发动机燃料品质状态（激活或不激活）	—	√
发动机电控系统电压（对于主控芯片）	√	√

表 1-31　可选信息（发动机装有测量的或计算的信息）

参数	冻结帧	数据流
节气门绝对位置 / 进气节流阀位置（进气调节阀位置）	√	√
柴油闭环控制系统的状态（如闭环燃油压力控制系统）	√	√
燃油轨压	√	√
喷射控制压力（燃料喷射的流体压力）	√	√
典型的燃油喷射正时（第一次主喷射开始时）	√	√
轨压设定值	√	√
喷射压力设定值（燃料喷射的流体压力）	√	√
进气温度	√	√

参数	冻结帧	数据流
环境空气温度	√	√
增压器进 / 出口温度（压缩机和涡轮机）	√	√
增压器进 / 出口压力（压缩机和涡轮机）	√	√
进气温度（如果中冷器后）	√	√
实际增压压力	√	√
设定的 EGR 阀占空比 / 位置（若 EGR 阀采用该控制模式）	√	√
实际的 EGR 阀占空比 / 位置	√	√
PTO 状态（激活或未激活）	√	√
油门踏板位置	√	√
冗余的油门踏板绝对位置	√	若检测
瞬时燃料消耗率	√	√
设定 / 目标增压压力（如果用增压压力控制增压器）	√	√
颗粒捕集器进口压力	√	√
颗粒捕集器出口压力	√	√
发动机出口排气背压	√	√
颗粒捕集器进口温度	√	√
颗粒捕集器出口温度	√	√
发动机出口排气温度	√	√
涡轮增压器 / 涡轮机转速	√	√

参数	冻结帧	数据流
可变截面涡轮增压器位置	√	√
可变截面涡轮增压器的设定位置	√	√
废气旁通阀位置	√	√
空燃比传感器输出	√	√
氧传感器输出	√	√
后氧传感器输出（如装有）	√	√

1.1.5.5 驾驶员报警和驾驶性能限制系统激活与解除

当某故障的故障码（DTC）显示的状态如表 1-32 所示时，应激活驾驶员报警系统。

表 1-32 驾驶员报警系统的激活

故障类型	报警系统的 DTC 激活状态
反应剂质量不正确	确认并激活
反应剂消耗量低	潜在的（如果 10 h 后被检测到）、潜在的或确认并激活
定量给料中断	确认并激活
EGR 阀卡滞	确认并激活
监测系统 / 排放后处理器 A 类故障[①]	确认并激活

注：①排放后处理器 A 类故障参阅 GB 17691—2018 附录 F.4.2.3 所述的排放后处理器净化性能监测内容。

报警系统被激活后，同时与该类型故障相关的计数器达到表 1-33 的规定值，驾驶性能限制系统应激活。

表 1-33　计数器和限值

项目	计数器第一次激活的 DTC 状态	初级驾驶性能限制的计数器值 /h	严重驾驶性能限制的计数器值 /h	严重驾驶性能限制发生后计数器冻结和保持的值 /h
反应剂质量计数器	确认并激活	10	20	18
反应剂消耗计数器	潜在的或确认并激活	10	20	18
定量给料计数器	确认并激活	10	20	18
EGR 阀计数器	确认并激活	36	100	95
监测系统 / 排放后处理器 A 类故障计数器	确认并激活	36	100	95

注：一旦计数器发生冻结，从计数器最近一次暂停开始，发动机累计运行 36 h 期间，若与该计数器相关的监测在至少完成 1 次完整的监测循环后没有检测到任何与该计数器相关的故障，计数器应重置为 0；如果在计数器冻结后一段时期内检测到与该计数器相关的故障，计数器应从冻结的数值开始继续计数。

1.1.5.6　驾驶性能限制

（1）初级驾驶性能限制系统

初级驾驶性能限制系统被激活后，柴油机最大扭矩转速以下转速段的扭矩不能超过扭矩限制后的最大扭矩，如图 1-8 所示。

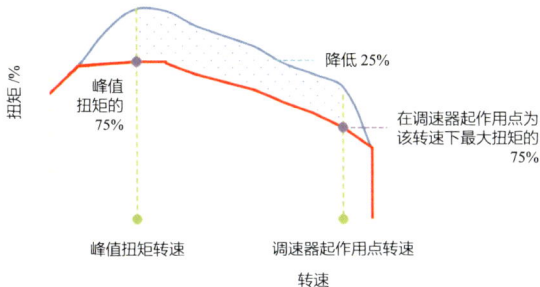

图 1-8　初级驾驶性能限制系统的扭矩限制

（2）严重驾驶性能限制系统

"重启后限制"系统应在驾驶员关闭发动机后再次启动时将车辆运行速度限制到 20 km/h（跛行模式）。

"加油后限制"系统应在燃油箱液位升高了某一可测量值后将车辆速度限制到 20 km/h（跛行模式）。该油箱液位可测量的升高值设定一般不高于油箱容积的 10%，该设定应基于燃油液位计的技术水平及生产企业声明，并向国务院生态环境主管部门报备。

"停车后限制"系统应在车辆停车至少 1 h 后将车辆速度限制到 20 km/h（跛行模式）。

1.1.6　基准燃料

国四、国五、EEV 及国六基准燃油技术参数见表 1-34。

表 1-34　重型车用发动机型式检验基准柴油参数

项目	技术指标（国六）	技术指标（国四、国五、EEV）	试验方法
十六烷值	52 ～ 54	51 ～ 54	GB/T 386
密度（20℃）[①]/（kg/cm³）	828 ～ 834	825 ～ 840	GB/T 1884, GB/T 1885
馏程： 50% 馏出温度 /℃ 90% 馏出温度 /℃ 95% 馏出温度 /℃	245 ～ 300 315 ～ 335 325 ～ 350	≤ 300 ≤ 335 ≤ 350	GB/T 6536
氧化安定性， 总不溶物 /（mg/100 mL）	≤ 2.5	≤ 2.5	SH/T 0175
含硫量 /（mg/kg）	≤ 10	≤ 50	SH/T 0689
酸度 /（mgKOH/100 mL）	≤ 7	—	GB/T 258
10% 蒸余物残炭[②] （质量分数）/%	≤ 0.3	≤ 0.2	GB/T 268
灰分（质量分数）/%	≤ 0.01	≤ 0.01	GB/T 508
铜片腐蚀（50℃，3 h）/ 级	≤ 1	≤ 1	GB/T 5096

项目	技术指标（国六）	技术指标（国四、国五、EEV）	试验方法
水分（质量分数）/%	≤ 0.02	≤ 0.02	SH/T 0246
机械杂质③	无	—	GB/T 511
运动粘度（20℃）/（mm²/s）	2.0 ～ 7.5	3 ～ 8	GB/T 265
冷滤点 /℃	≤ -10	≤ -5	SH/T 0248
闪点（闭口）/℃	≥ 55	≥ 55	GB/T 261
多环芳烃（质量分数）/%	≤ 4	2 ～ 6	SH/T 0606
润滑性 校正磨斑直径（60℃）/μm	≤ 420	≤ 460	SH/T 0765
脂肪酸甲酯④ （体积分数）/%	≤ 0.5		GB/T 23801
总污染物含量 /（mg/kg）	≤ 24		等待国标试验方法

注：①允许采用 SH/T 0604，在有异议时以 GB/T 1884 和 GB/T 1885 的测定结果为准；

②若柴油中含有硝酸酯型十六烷值改进剂，10% 蒸余物残炭的测定应用不加硝酸酯的基础燃料进行，柴油中是否加有硝酸酯型十六烷值改进剂的检验方法见 GB 19147 附录 B；

③可用目测法，即将试样注入 100 mL 玻璃量筒中，在室温（20℃ ±5℃）下观察，应透明，没有悬浮和沉降的机械杂质，在有异议时以 GB/T 511 测定结果为准；

④不得人为加入，同时不得人为加入生物柴油、酸性和金属润滑性改进剂及任何可导致车辆无法正常运行的添加剂与污染物。

基准燃料 G_R、G_{20}、G_{23}、G_{25} 的技术参数见表 1-35 至表 1-38。

表 1-35　基准燃料 G_R（基准燃料 1）

特性	基础	限值		试验方法
		最小	最大	
组分 /%mol： CH$_4$ C$_2$H$_6$ 余量①	87 13 —	84 11 —	89 15 1	GB/T 13610
含硫量 /（mg/m³）②	—	—	10	GB/T 11061

注：①惰性组分 +C$_2$₊；
　　②在标准状态［293.2K（20℃）和 101.3kPa］下测定的值。

表 1-36　基准燃料 G_{20}

特性	基础	限值		试验方法
		最小	最大	
组分 /%mol： CH$_4$ 余量①	100 —	99 —	100 1	GB/T 13610
含硫量 /（mg/m³）②	—	—	10	GB/T 11061

注：①惰性组分 +C$_2$₊；
　　②在标准状态［293.2 K（20℃）和 101.3k Pa］下测定的值。

表 1-37　基准燃料 G_{23}（基准燃料 3）

特性	基础	限值		试验方法
		最小	最大	
组分 /%mol: 　CH_4 　余量[1] 　N_2	92.5 — 7.5	91.5 — 6.5	93.5 1 8.5	GB/T 13610
含硫量 / (mg/m^3) [2]	—	—	10	GB/T 11061

注：①惰性组分（N_2 除外）+C_2+C_{2+}；
　　②在标准状态［293.2 K（20℃）和 101.3 kPa］下测定的值。

表 1-38　基准燃料 G_{25}（基准燃料 2）

特性	基础	限值		试验方法
		最小	最大	
组分 /%mol: 　CH_4 　余量[1] 　N_2	86 — 14	84 — 12	88 1 16	GB/T 13610
含硫量 / (mg/m^3) [2]	—	—	10	GB/T 11061

注：①惰性组分（N_2 除外）+C_2+C_{2+}；
　　②在标准状态［293.2 K（20℃）和 101.3 kPa］下测定的值。

国三、国四及国五阶段液化石油气的技术要求见表 1-39。

表 1-39　液化石油气的技术要求（国三、国四及国五阶段）

参数	单位	燃料 A 限值		燃料 B 限值		试验方法
		最小	最大	最小	最大	
马达法辛烷值	—	92.5[①]		92.5[①]		GB/T 12576
组分： C_3 含量 C_4 含量	%, m/m %, m/m	41 55	45 59	79 16	84 21	SH/T 0614
烯烃	%, m/m		10		10	SH/T 0614
蒸发残余物	mg/kg		50		50	SY/T 7509
总含硫量[②]	mg/m³		100		100	SH/T 0222
H_2S			无		无	SH/T 0125
铜片腐蚀	等级		1 级		1 级	SH/T 0232[③]
0℃下水含量	—		无		无	目测

注：①在标准状态［293.2 K（20℃）和 101.3 kPa］下测定的值；

②总硫含量为 0℃、101.35 kPa 条件下的气态含量；

③如果样品含有腐蚀抑制剂或其他减少铜片腐蚀性的化学制品，此方法不能准确地确定是否存在腐蚀物品，因此禁止添加单纯为了使试验方法造成偏差的物质。

国六阶段 LPG 基准燃料的技术参数见表 1-40。

表 1-40　LPG 基准燃料的技术参数（国六阶段）

项目	燃料 A	燃料 B	试验方法
组分（体积分数）/%： C_3 含量 C_4 含量 $< C_3, > C_4$	 30±2 余量 ≤ 2	 85±2 余量 ≤ 2	SH/T 0614 — — —
烯烃（体积分数）/%	≤ 12	≤ 15	—
蒸发残余物 /（mg/kg）	≤ 50	≤ 50	SY/T 7509
含水量	无	无	目测
总含硫量 /（mg/kg）	≤ 10	≤ 10	SH/T 0222
H_2S	无	无	—
铜片腐蚀	1 级	1 级	SH/T 0232 [①]
臭味	特征	特征	—
马达法辛烷值	≥ 89	≥ 89	GB/T 12576

注：①如果样品含有腐蚀抑制剂或其他减少铜片腐蚀性的化学制品，此方法不能准确地确定是否存在腐蚀物质，因此禁止添加单纯为了使试验方法造成偏差的物质。

1.1.7　远程监控

1.1.7.1　**车载终端功能及性能要求**

车载终端在进行激活时按照如图 1-9 所示规定的程序进行。

车载终端应能采集发动机排放相关数据。在安装颗粒捕集器和 / 或 SCR 技术的重型车上采集的车载终端数据具体见表 1-41，采集频率应为 1 Hz。

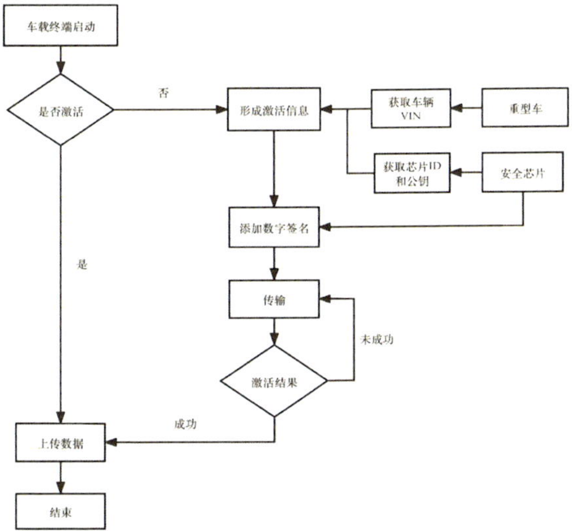

图 1-9　激活流程

表 1-41　车载终端采集数据（采用颗粒捕集器和 / 或 SCR 技术的车辆）

序号	数据项
1	车速
2	大气压力（直接测量或估算值）
3	发动机净输出扭矩（作为发动机最大基准扭矩的百分比）或发动机实际扭矩 / 指示扭矩（作为发动机最大基准扭矩的百分比，如依据喷射的燃料量计算获得）
4	摩擦扭矩（作为发动机最大基准扭矩的百分比）
5	发动机转速
6	发动机燃料流量
7	上游 NO_x 传感器输出
8	下游 NO_x 传感器输出
9	SCR 入口温度
10	SCR 出口温度
11	颗粒捕集器压差
12	进气量
13	反应剂余量
14	油箱液位[①]
15	发动机冷却液温度
16	累计里程

注：① 燃气机可不采集油箱液位参数。

对于采用三元催化器后处理技术的车辆，车载终端应采集表 1-42 规定的数据，采集频率为 1 Hz。

表 1-42 车载终端采集的数据（采用三元催化器后处理技术的车辆）

序号	数据项
1	车速
2	大气压力（直接测量或估算值）
3	发动机净输出扭矩（作为发动机最大基准扭矩的百分比）或发动机实际扭矩／指示扭矩（作为发动机最大基准扭矩的百分比，如依据喷射的燃料量计算获得）
4	摩擦扭矩（作为发动机最大基准扭矩的百分比）
5	发动机转速
6	发动机燃料流量
7	三元催化器上游氧传感器输出
8	三元催化器下游氧传感器输出
9	进气量
10	三元催化器温度传感器输出（上游或下游或模拟）
11	三元催化器下游 NO_x 传感器输出[1]
12	发动机冷却液温度
13	累计里程

注：①安装 NO_x 传感器的车辆应采集并传输 NO_x 输出值。

对于重型混合动力电动车辆，除应采集上述数据外，还应采集表 1-43 规定的数据，采集频率为 1 Hz。

表 1-43　混合动力电动车辆车载终端补充采集的数据

序号	数据项
1	电机转速
2	电机负荷百分比
3	电池电压
4	电池电流
5	荷电状态（SOC）

远程监控系统的数据传输应从车载终端到企业平台再到生态环境部，具体流程如图 1-10 所示。

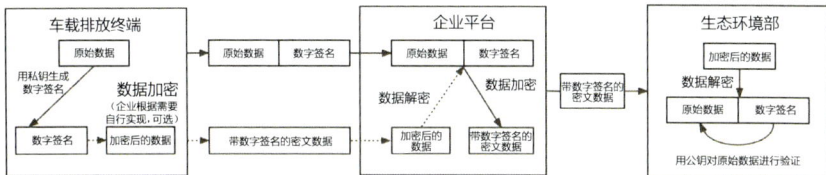

图 1-10　数据传输流程

对诊断故障有帮助的系及重要源点的诊断一致性要求见表 1-44。

表1-44 诊断系统组分及系统诊断一致性要求标准

系统分类	诊断项	判定标准
排后系统	卡盘、发动机冷却液/进气温度、增压和压差、发动机转速、发动机扭矩、SCR 上游 NOx、传感器输出值、SCR 下游 NOx、传感器输出值、进气流量、SCR 入口温度、SCR 出口温度、发动机冷却液温度、三元催化器上游氧传感器输出值、三元催化器下游氧传感器输出值、三元催化器上游氧传感器输出值、三元催化器下游氧传感器输出值等	相关系数 r² ≥ 0.90；回归线的斜率 a 为 0.9 ～ 1.1；回归线的截距 b ≤ OBD 系统阈值的 3%
进气系统	大气压力	平均误差值 ≤ ±1 kPa
	DPF 压差	平均误差值 ≤ ±0.5 kPa
EGR系统	反应剂余量、油箱液位	平均误差值 ≤ ±1%

1.1.7.2 诊断信息格式及含义

一个完整的诊断信息由诊断代码、诊断条目、诊断说明信息、诊断触发条件信息、诊断解冻方式、诊断清除方式等组成，诊断信息格式及含义见表 1-45。

表 1-45　数据包的结构和定义

起始字节	定义	数据类型	描述及要求
0	起始符	STRING	固定为 ASCII 字符 "##"，用 "0×23，0×23" 表示
2	命令单元	BYTE	命令单元定义见 GB 17691—2018 表 Q.3
3	车辆识别码	STRING	车辆识别码是识别车辆的唯一标识，由 17 位字码构成，字码应符合 GB 16735—2019 中 4.5 的规定
20	终端软件版本号	BYTE	终端软件版本号有效值范围为 0～255
21	数据加密方式	BYTE	0×01 表示数据不加密；0×02 表示数据经过 RSA 算法加密；0×03 表示数据经过国密 SM2 算法加密；"0×FE" 表示异常，"0×FF" 表示无效，其他预留
22	数据单元长度	WORD	数据单元长度是数据单元的总字节数，有效值范围为 0～65 531
24	数据单元	—	数据单元格式和定义见 GB 17691—2018 附录 Q.6.4.5
倒数第 1	校验码	BYTE	采用 BCC（异或校验）法，校验范围从命令单元的第一个字节开始，同后一字节异或，直到校验码前一字节为止，校验码占用一个字节

命令单元应是发起方的唯一标识，命令单元定义见表 1-46。

表 1-46　命令单元定义

编码	定义	方向
0×01	车辆登入	上行
0×02	实时信息上报	上行
0×03	补发信息上报	上行
0×04	车辆登出	上行
0×05	终端校时	上行
0×06 ～ 0×7F	上行数据系统预留	上行

车辆登入数据格式和定义见表 1-47。

表 1-47　车辆登入数据格式和定义

起始字节	数据表示内容	数据类型	描述及要求
0	数据采集时间	BYTE[6]	时间定义见 GB 17691—2018 附录 Q 6.4.4
6	登入流水号	WORD	车载终端每登入一次，登入流水号自动加 1，从 1 开始循环累加，最大值为 65 531，循环周期为天
10	SIM 卡号	STRING	SIM 卡 ICCID 号（ICCID 应为终端从 SIM 卡获取的值，不应人为填写或修改）

实时信息上报数据格式和定义见表 1-48。

表 1-48　实时信息上报数据格式和定义

数据表示内容	长度（字节）	数据类型	描述及要求
数据采集时间	6	BYTE	时间定义见 GB 17691—2018 附录 Q 6.4.4
信息类型标志（n）	1	BYTE	信息类型标志定义见 GB 17691—2018 附录 Q.6
信息流水号	2	WORD	以天为单位，每包实时信息流水号唯一，从 1 开始累加
信息体（n）	—	—	信息类型不同，长度和数据类型也不同
……	—	—	……
信息类型标志（m）	1	BYTE	信息类型标志定义见 GB 17691—2018 附录 Q.6
信息体（m）	—	—	信息类型不同，长度和数据类型也不同

信息类型见表 1-49。

表 1-49　信息类型

类型编码	说明
0×01	OBD 信息
0×02	数据流信息
0×03 ～ 0×7F	预留
0×80 ～ 0×FE	用户自定义

OBD 信息数据格式和定义见表 1-50。

表 1-50　OBD 信息数据格式和定义

数据表示内容	长度（字节）	数据类型	描述及要求
OBD 诊断协议	1	BYTE	有效范围为 0～2，"0"代表 ISO 15765，"1"代表 ISO 27145，"2"代表 SAE J1939，"0×FE"表示无效
MIL 状态	1	BYTE	有效范围为 0～1，"0"代表未点亮，"1"代表点亮，"0×FE"表示无效
诊断支持状态	2	WORD	每位的定义如下： 1 为催化转化器监控（Catalyst monitoring Status）； 2 为加热催化转化器监控（Heated catalyst monitoring Status）； 3 为蒸发系统监控（Evaporative system monitoring Status）； 4 为二次空气系统监控（Secondary air system monitoring Status）； 5 为 A/C 系统制冷剂监控（A/C system refrigerant monitoring Status）； 6 为排气传感器监控（Exhaust Gas Sensor monitoring Status）； 7 为排气传感器加热器监控（Exhaust Gas Sensor heater monitoring Status）； 8 为 EGR 系统和 VVT 监控（EGR/VVT system monitoring Status）； 9 为冷启动辅助系统监控（Cold start aid system monitoring Status）； 10 为增压压力控制系统监控（Boost pressure control system monitoring Status）； 11 为颗粒捕集器监控［Diesel Particulate Filter（DPF）monitoring Status］； 12 为选择性催化还原系统（SCR）或 NO_x 吸附器监控（NO_x converting catalyst and/or NO_x adsorber monitoring Status）；

数据表示内容	长度（字节）	数据类型	描述及要求
诊断支持状态	2	WORD	13 为 NMHC 氧化催化器监控（NMHC converting catalyst monitoring Status）； 14 为失火监控（Misfire monitoring support）； 15 为燃油系统监控（Fuel system monitoring support）； 16 为综合成分监控（Comprehensive component monitoring support）。 每位的含义：0= 不支持；1= 支持
诊断就绪状态	2	WORD	每位的定义如下： 1 催化转化器监控（Catalyst monitoring Status）； 2 加热催化转化器监控（Heated catalyst monitoring Status）； 3 为蒸发系统监控（Evaporative system monitoring Status）； 4 为二次空气系统监控（Secondary air system monitoring Status）； 5 为 A/C 系统制冷剂监控（A/C system refrigerant monitoring Status）； 6 为排气传感器监控（Exhaust Gas Sensor monitoring Status）； 7 为排气传感器加热器监控（Exhaust Gas Sensor heater monitoring Status）； 8 为 EGR 系统和 VVT 监控（EGR/VVT system monitoring Status）； 9 为冷启动辅助系统监控（Cold start aid system monitoring Status）； 10 为增压压力控制系统监控（Boost pressure control system monitoring Status）； 11 为颗粒捕集器监控［Diesel Particulate Filter (DPF) monitoring Status］； 12 为选择性催化还原系统（SCR）或 NO_x 吸附器监控（NO_x converting catalyst and/or NO_x adsorber monitoring Status）； 13 为 NMHC 氧化催化器监控（NMHC converting catalyst monitoring Status）； 14 为失火监控（Misfire monitoring support）；

数据表示内容	长度（字节）	数据类型	描述及要求
诊断就绪状态	2	WORD	15 为燃油系统监控（Fuel system monitoring support）；16 为综合成分监控（Comprehensive component monitoring support）。每位的含义：0= 测试完成或者不支持；1= 测试未完成
车辆识别码（VIN）	17	STRING	车辆识别码是识别的唯一标识，由 17 位字码构成，字码应符合 GB 16735 中 4.5 的规定
软件标定识别号	18	STRING	软件标定识别号由生产企业自定义，由字母或数字组成，不足后面补字符"0"
标定验证码（CVN）	18	STRING	标定验证码由生产企业自定义，由字母或数字组成，不足后面补字符"0"
IUPR 值	36	DSTRING	定义参考 SAE J 1979-DA 表 G11
故障码总数	1	BYTE	有效值范围为 0 ～ 253，"0×FE"表示无效
故障码信息列表	∑ 每个故障码信息长度	N*BYTE[4]	每个故障码为 4 字节，可按故障实际顺序进行排序

数据流信息的数据格式和定义见表 1-51。

表 1-51　发动机数据流信息的数据格式和定义

起始字节	数据项	数据类型	描述及要求
0	车速	WORD	数据长度：2 bytes 精度：1/256 km/（h·bit） 偏移量：0 数据范围：0 ～ 250.996 km/h "0×FF，0×FF" 表示无效
2	大气压力（直接测量或估计值）	BYTE	数据长度：1 byte 精度：0.5 kPa/bit 偏移量：0 数据范围：0 ～ 125 kPa "0×FF" 表示无效
3	发动机净输出扭矩（作为发动机最大基准扭矩的百分比）或发动机实际扭矩／指示扭矩（作为发动机最大基准扭矩的百分比，如依据喷射的燃料量计算获得）	BYTE	数据长度：1 byte 精度：1%/bit 偏移量：-125 数据范围：-125% ～ 125% "0×FF" 表示无效
4	摩擦扭矩（作为发动机最大基准扭矩的百分比）	BYTE	数据长度：1 byte 精度：1%/bit 偏移量：-125 数据范围：-125% ～ 125% "0×FF" 表示无效

起始字节	数据项	数据类型	描述及要求
5	发动机转速	WORD	数据长度：2 bytes 精度：0.125 r/（min·bit） 偏移量：0 数据范围：0 ~ 8 031.875 r/min "0×FF，0×FF"表示无效
7	发动机燃料流量	WORD	数据长度：2 bytes 精度：0.05 L/h 偏移量：0 数据范围：0 ~ 3 212.75 L/h "0×FF，0×FF"表示无效
9	SCR 上游 NO_x 传感器输出值	WORD	数据长度：2 bytes 精度：0.05 ppm/bit 偏移量：-200 数据范围：-200 ~ 3 012.75 ppm "0×FF，0×FF"表示无效
11	SCR 下游 NO_x 传感器输出值	WORD	数据长度：2 bytes 精度：0.05 ppm/bit 偏移量：-200 数据范围：-200 ~ 3 012.75 ppm "0×FF，0×FF"表示无效

起始字节	数据项	数据类型	描述及要求
13	反应剂余量	BYTE	数据长度：1 byte 精度：0.4%/bit 偏移量：0 数据范围：0 ～ 100% "0×FF"表示无效
14	进气量	WORD	数据长度：2 bytes 精度：0.05 kg/（h·bit） 偏移量：0 数据范围：0 ～ 3 212.75 kg/h "0×FF，0×FF"表示无效
16	SCR 入口温度	WORD	数据长度：2 bytes 精度：0.031 25℃ /bit 偏移量：-273 数据范围：-273 ～ 1 734.968 75℃ "0×FF，0×FF"表示无效
18	SCR 出口温度	WORD	数据长度：2 bytes 精度：0.031 25℃ /bit 偏移量：-273 数据范围：-273 ～ 1 734.968 75℃ "0×FF，0×FF"表示无效

起始字节	数据项	数据类型	描述及要求
20	颗粒捕集器压差	WORD	数据长度：2 bytes 精度：0.1 kPa/bit 偏移量：0 数据范围：0 ～ 6 425.5 kPa "0×FF，0×FF"表示无效
22	发动机冷却液温度	BYTE	数据长度：1 byte 精度：1℃ /bit 偏移量：-40 数据范围：-40 ～ 210℃ "0×FF"表示无效
23	油箱液位	BYTE	数据长度：1 byte 精度：0.4%/bit 偏移量：0 数据范围：0 ～ 100% "0×FF"表示无效
24	定位状态	BYTE	数据长度：1 byte 状态位定义见 GB 17691—2018 表 Q.9
25	经度	DWORD	数据长度：4 bytes 精度：0.000 01°/bit 偏移量：0 数据范围：0 ～ 180.000 000° "0×FF，0×FF，0×FF，0×FF"表示无效

起始字节	数据项	数据类型	描述及要求
29	纬度	DWORD	数据长度：4 bytes 精度：0.000 01°/bit 偏移量：0 数据范围：0 ～ 90.000 000° "0×FF，0×FF，0×FF，0×FF"表示无效
33	累计里程	DWORD	数据长度：4 bytes 精度：0.1 km/bit 偏移量：0 "0×FF，0×FF，0×FF，0×FF"表示无效

状态位定义见表 1-52。

表 1-52 状态位定义

位	状态
0	0：有效定位。1：无效定位 （当数据通信正常但不能获取定位信息时，发送最后一次有效定位信息，并将定位状态调置为无效）
1	0：北纬。1：南纬
2	0：东经。1：西经
3 ～ 7	保留

1.1.7.3 车载终端的测试

车载终端的测试项目及内容见表 1-53。

表 1-53 车载终端测试项目及内容

测试项目	测试内容
数据采集和传输测试	自检和激活测试 时间和日期检查 数据采集检查
卫星导航定位性能仿真测试	—
性能测试	适应性试验 防护性试验 使用寿命试验
车载终端安全性测试	渗透测试 密码算法实现安全性测试
数据传输、定位及数据一致性测试	数据传输测试 整车导航定位精度测试 车载终端数据一致性测试

1.1.8 下一阶段法规发展趋势

一是加严污染物限值，增加污染物类别。加严常规污染物（CO、NO_x、THC、PM、PN）限值，并将 PN 粒径从 23 nm 加严至 10 nm。将 NH_3 的排放由国六的体积分数限值改为比排放量限值。

二是增加温室气体管控。具体是增加有关 CO_2、N_2O、CH_4 这类温室气体的管控措施。

三是燃料中立。将柴油、天然气、生物柴油、甲醇、氢、氨等燃料都纳入法规管控，考虑多元燃料发动机测试、混合动力发动机测试等内容。

四是延长有效寿命/质保期，扩展试验条件。考虑延长有效寿命/质保期，并将试验条件（海拔、温度等）进行扩展，加强对发动机冷启动、长怠速、高海拔时排放的管控。

五是增加车载监控系统（OBM）要求。弱化 OBD，增加 OBM、远程监控的监管手段。

1.2 温室气体/能耗标准

1.2.1 发展历程

中国的温室气体管控目前实行油耗限值管控措施，采用单车型限值进行管理。

2014 年，中国发布了 GB 30510—2014，首次对重型商用车燃料消耗量限值提出了要求。当前现行的重型车油耗标准见表 1-54。

表 1-54　中国现行重型车油耗标准

	重型车（GVW > 3 500 kg）
限值标准	《重型商用车辆燃料消耗量限值》（三）（GB 30510—2018）（下一阶段修订中）
试验方法	《重型商用车辆燃料消耗量测量方法》（三）（GB/T 27840—2011）（下一阶段修订中） 《重型混合动力电动汽车能量消耗量试验方法》（三）（GB/T 19754—2021）（下一阶段修订中）

1.2.2　适用范围

　　油耗限值适用于 GVW 大于 3 500 kg 的燃用汽油和柴油的商用车辆，包括货车、半挂牵引车、客车、自卸汽车和城市客车。

　　油耗限值不适用于专用作业汽车，包括厢式专用作业汽车、罐式专用作业汽车、专用自卸作业汽车、仓栅式专用作业汽车、起重举升专用作业汽车及特种结构专用作业汽车等。

1.2.3　排放限值

1.2.3.1　GB 30510—2014

　　货车燃料消耗量限值见表 1-55。

表 1-55　货车燃料消耗量限值

最大设计总质量 /kg	燃料消耗量限值 /（L/100 km）
3 500 < GVW ≤ 4 500	13.0
4 500 < GVW ≤ 5 500	14.0
5 500 < GVW ≤ 7 000	16.0
7 000 < GVW ≤ 8 500	19.0
8 500 < GVW ≤ 10 500	21.5
10 500 < GVW ≤ 12 500	25.0
12 500 < GVW ≤ 16 000	28.0
16 000 < GVW ≤ 20 000	31.5
20 000 < GVW ≤ 25 000	37.5
25 000 < GVW ≤ 31 000	43.0
GVW > 31 000	45.5

半挂牵引车燃料消耗量限值见表 1-56。

表 1-56　半挂牵引车燃料消耗量限值

最大设计总质量 /kg	燃料消耗量限值 /（L/100 km）
GCW ≤ 18 000	33.0

最大设计总质量 /kg	燃料消耗量限值 /（L/100 km）
18 000 < GCW ≤ 27 000	36.0
27 000 < GCW ≤ 35 000	38.0
35 000 < GCW ≤ 40 000	40.0
40 000 < GCW ≤ 43 000	42.0
43 000 < GCW ≤ 46 000	45.0
46 000 < GCW ≤ 49 000	47.0
GCW > 49 000	48.0

客车燃料消耗量限值见表 1-57。

表 1-57　客车燃料消耗量限值

最大设计总质量 /kg	燃料消耗量限值 /（L/100 km）
3 500 < GVW ≤ 4 500	12.5
4 500 < GVW ≤ 5 500	13.5
5 500 < GVW ≤ 7 000	15.0
7 000 < GVW ≤ 8 500	16.5
8 500 < GVW ≤ 10 500	18.5
10 500 < GVW ≤ 12 500	20.0

最大设计总质量 /kg	燃料消耗量限值 / （L/100 km）
12 500 < GVW ≤ 14 500	21.5
14 500 < GVW ≤ 16 500	22.5
16 500 < GVW ≤ 18 000	24.0
18 000 < GVW ≤ 22 000	25.0
22 000 < GVW ≤ 25 000	27.5
GVW > 25 000	29.5

自卸汽车燃料消耗量限值见表 1-58。

表 1-58　自卸汽车燃料消耗量限值

最大设计总质量 /kg	燃料消耗量限值 / （L/100 km）
3 500 < GVW ≤ 4 500	15.0
4 500 < GVW ≤ 5 500	16.0
5 500 < GVW ≤ 7 000	17.5
7 000 < GVW ≤ 8 500	20.5
8 500 < GVW ≤ 10 500	23.0
10 500 < GVW ≤ 12 500	25.5
12 500 < GVW ≤ 16 000	28.0

最大设计总质量 /kg	燃料消耗量限值 / (L/100 km)
16 000 < GVW ≤ 20 000	34.0
20 000 < GVW ≤ 25 000	43.5
25 000 < GVW ≤ 31 000	47.0
GVW > 31 000	49.0

城市客车燃料消耗量限值见表 1-59。

表 1-59　城市客车燃料消耗量限值

最大设计总质量 /kg	燃料消耗量限值 / (L/100 km)
3 500 < GVW ≤ 4 500	14.0
4 500 < GVW ≤ 5 500	15.5
5 500 < GVW ≤ 7 000	17.5
7 000 < GVW ≤ 8 500	19.5
8 500 < GVW ≤ 10 500	22.5
10 500 < GVW ≤ 12 500	26.0
12 500 < GVW ≤ 14 500	30.5
14 500 < GVW ≤ 16 500	34.0
16 500 < GVW ≤ 18 000	37.5

最大设计总质量 /kg	燃料消耗量限值 / (L/100 km)
18 000 < GVW ≤ 22 000	41.0
22 000 < GVW ≤ 25 000	45.5
GVW > 25 000	49.0

1.2.3.2　GB 30510—2018

货车燃料消耗量限值见表 1-60。

表 1-60　货车燃料消耗量限值

最大设计总质量 /kg	燃料消耗量限值 / (L/100 km)
3 500 < GVW ≤ 4 500	11.5
4 500 < GVW ≤ 5 500	12.2
5 500 < GVW ≤ 7 000	13.8
7 000 < GVW ≤ 8 500	16.3
8 500 < GVW ≤ 10 500	18.3
10 500 < GVW ≤ 12 500	21.3
12 500 < GVW ≤ 16 000	24.0
16 000 < GVW ≤ 20 000	27.0

最大设计总质量 /kg	燃料消耗量限值 /（L/100 km）
20 000 < GVW ≤ 25 000	32.5
25 000 < GVW ≤ 31 000	37.5
GVW > 31 000	38.5

半挂牵引车燃料消耗量限值见表 1-61。

表 1-61　半挂牵引车燃料消耗量限值

最大设计总质量 /kg	燃料消耗量限值 /（L/100 km）
GCW ≤ 18 000	28.0
18 000 < GCW ≤ 27 000	30.5
27 000 < GCW ≤ 35 000	32.0
35 000 < GCW ≤ 40 000	34.0
40 000 < GCW ≤ 43 000	35.5
43 000 < GCW ≤ 46 000	38.0
46 000 < GCW ≤ 49 000	40.0
GCW > 49 000	40.5

客车燃料消耗量限值见表 1-62。

表 1-62　客车燃料消耗量限值

最大设计总质量 /kg	燃料消耗量限值 / (L/100 km)
3 500 < GVW ≤ 4 500	10.6
4 500 < GVW ≤ 5 500	11.5
5 500 < GVW ≤≤ 7 000	13.3
7 000 < GVW ≤ 8 500	14.5
8 500 < GVW ≤ 10 500	16.0
10 500 < GVW ≤ 12 500	17.7
12 500 < GVW ≤ 14 500	19.1
14 500 < GVW ≤ 16 500	20.1
16 500 < GVW ≤ 18 000	21.3
18 000 < GVW ≤ 22 000	22.3
22 000 < GVW ≤ 25 000	24.0
GVW > 25 000	25.0

自卸汽车燃料消耗量限值见表 1-63。

表 1-63　自卸汽车燃料消耗量限值

最大设计总质量 /kg	燃料消耗量限值 /(L/100 km)
3 500 < GVW ≤ 4 500	13.0
4 500 < GVW ≤ 5 500	13.5
5 500 < GVW ≤ 7 000	15.0
7 000 < GVW ≤ 8 500	17.5
8 500 < GVW ≤ 10 500	19.5
10 500 < GVW ≤ 12 500	22.0
12 500 < GVW ≤ 16 000	25.0
16 000 < GVW ≤ 20 000	29.5
20 000 < GVW ≤ 25 000	37.5
25 000 < GVW ≤ 31 000	41.0
GVW > 31 000	41.5

城市客车燃料消耗量限值见表 1-64。

表 1-64　城市客车燃料消耗量限值

最大设计总质量 /kg	燃料消耗量限值 / (L/100 km)
3 500 < GVW ≤ 4 500	16.7
4 500 < GVW ≤ 5 500	19.4
5 500 < GVW ≤ 7 000	22.3
7 000 < GVW ≤ 8 500	25.5
8 500 < GVW ≤ 10 500	28.0
10 500 < GVW ≤ 12 500	31.0
12 500 < GVW ≤ 14 500	34.5
14 500 < GVW ≤ 16 500	38.5
16 500 < GVW ≤ 18 000	41.5
18 000 < GVW ≤ 22 000	16.7
22 000 < GVW ≤ 25 000	19.4
GVW > 25 000	22.3

1.2.4　测试方法

C-WTVC 工况：适用于中国第二、第三阶段重型商用车辆燃料耗量限值测量，如图 1-11 所示。

CHTC 工况：2021 年 10 月 11 日，新修订的《重型商用车辆燃料消耗量测量方法》（GB/T 27840—2021）发布，对重型商用车燃料消耗量测试规程、计算方式等进行了调整，见表 1-65。

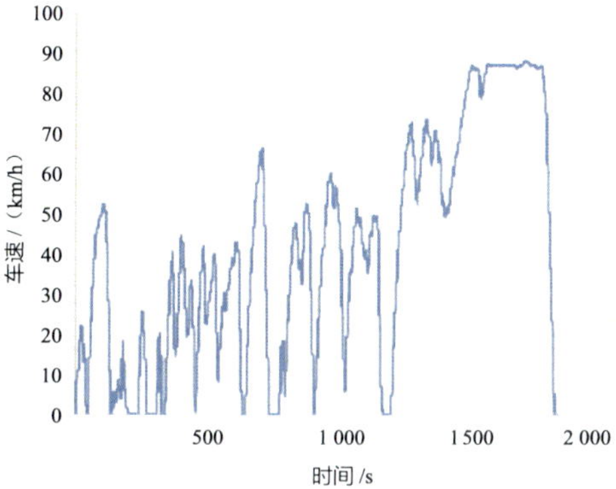

图 1-11　C-WTVC 工况

表 1-65　CHTC 工况

工况名称	适用车辆
CHTC-B	城市客车
CHTC-C	普通客车
CHTC-LT	货车（GVW ≤ 5 500 kg）
CHTC-HT	货车（GVW > 5 500 kg）
CHTC-D	自卸汽车
CHTC-TT	半挂牵引车

城市客车工况（CHTC-B）曲线如图 1-12 所示。该循环由 7 个低速工况、11 个高速工况片段组成，工况时长共计 1 310 s，平均车速为 15.08 km/h，怠速比例为 22.37%。

客车（不含城市客车）工况（CHTC-C）曲线如图 1-13 所示。该循环由 5 个市区工况、8 个城郊工况和 1 个高速工况片段组成，工况时长共计 1 800 s，平均车速为 39.42 km/h，怠速比例为 18.22%。

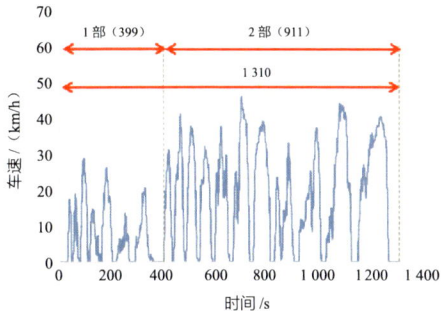

图 1-12　CHTC-B 工况曲线

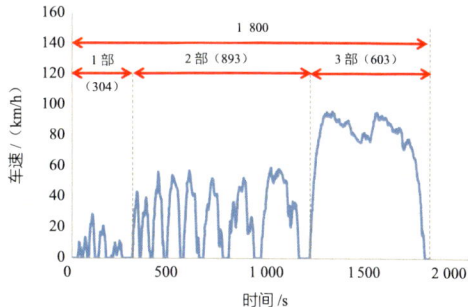

图 1-13　CHTC-C 工况曲线

1　中国标准

　　货车（GVW ≤ 5 500 kg）工况（CHTC-LT）曲线如图 1-14 所示。该循环由 5 个城市工况、5 个市郊工况和 1 个高速工况片段组成，工况时长共计 1 652 s，平均车速为 34.62 km/h，怠速比例为 12.35%。

　　货车（GVW > 5 500 kg）工况（CHTC-HT）曲线如 1-15 所示。该循环由 4 个市区工况、5 个城郊工况和 1 个高速工况片段组成，工况时长共计 1 800 s，平均车速为 34.64 km/h，怠速比例为 13.70%。

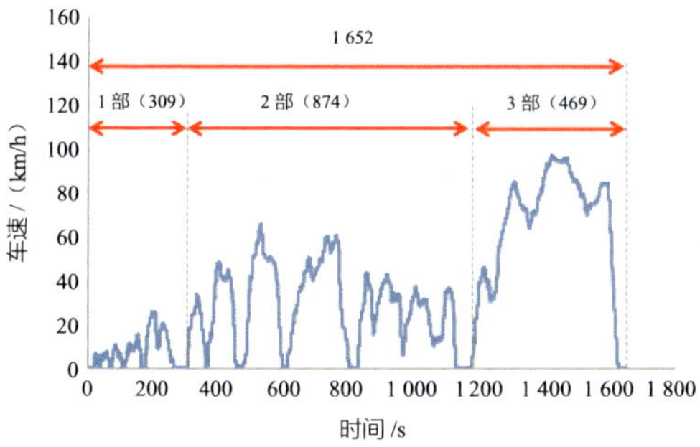

图 1-14　CHTC-LT 工况曲线

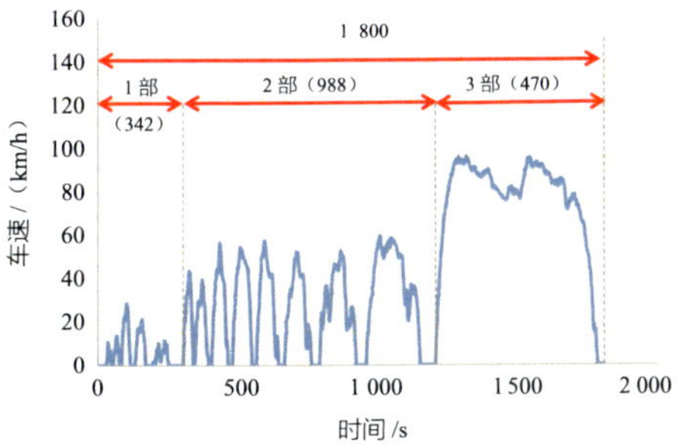

图 1-15　CHTC-HT 工况曲线

自卸汽车工况（CHTC-D）曲线如图 1-16 所示。该循环由 4 个市区工况和 4 个城郊工况片段组成，工况时长共计 1 300 s，平均车速为 23.19 km/h，怠速比例为 20.23%。

半挂牵引车工况（CHTC-TT）曲线如图 1-17 所示。该循环由 4 个城郊工况和 2 个高速工况片段组成，工况时长共计 1 800 s，平均车速为 46.44 km/h，怠速比例为 8.61%。

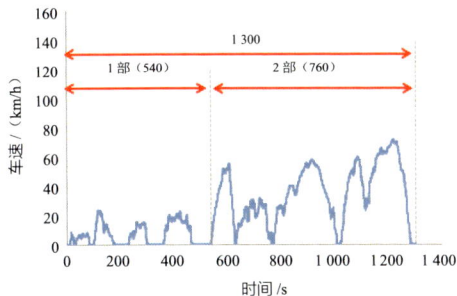

图 1-16　CHTC-D 工况曲线

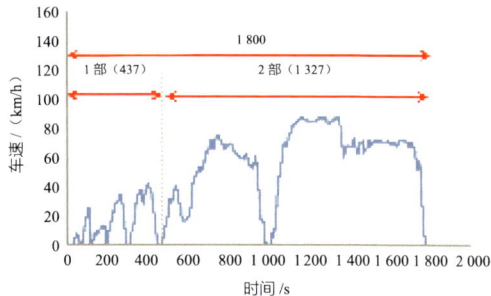

图 1-17　CHTC-TT 工况曲线

1.2.5 未来发展趋势

《重型商用车辆燃料消耗量限值》（第四阶段油耗限值）于 2022 年 11 月完成了标准报批稿，2023 年 6 月该报批稿向社会征求了意见。相对于第三阶段油耗限值（GB 30510—2018），第四阶段油耗限值下降了 7% ～ 14%，具体内容见表 1-66 至表 1-70。

表 1-66 货车油耗限值对比

最大设计总质量 /kg	燃料消耗量限值—2024/（L/100 km）	燃料消耗量限值—2018/（L/100 km）	加严比例 /%
3 500 < GVW ≤ 4 500	10.6	11.5	7.8
4 500 < GVW ≤ 5 500	11.0	12.2	9.8
5 500 < GVW ≤ 7 000	12.3	13.8	10.9
7 000 < GVW ≤ 8 500	14.4	16.3	11.7
8 500 < GVW ≤ 10 500	16.2	18.3	11.5
10 500 < GVW ≤ 12 500	18.8	21.3	11.7
12 500 < GVW ≤ 16 000	21.2	24.0	11.7
16 000 < GVW ≤ 20 000	23.9	27.0	11.5
20 000 < GVW ≤ 25 000	29.5	32.5	9.2
25 000 < GVW ≤ 31 000	33.7	37.5	10.1
GVW > 31 000	34.6	38.5	10.1

表 1-67 半挂牵引车油耗限值对比

最大设计总质量 /kg	燃料消耗量限值—2024/（L/100 km）	燃料消耗量限值—2018/（L/100 km）	加严比例 /%
GCW ≤ 18 000	24.3	28.0	13.2
18 000 < GCW ≤ 27 000	26.5	30.5	13.1
27 000 < GCW ≤ 35 000	27.8	32.0	13.1
35 000 < GCW ≤ 40 000	29.5	34.0	13.2
40 000 < GCW ≤ 43 000	31.2	35.5	12.1
43 000 < GCW ≤ 46 000	33.7	38.0	11.3
46 000 < GCW ≤ 49 000	35.8	40.0	10.5
GCW > 49 000	35.9	40.5	11.4

表 1-68 客车油耗限值对比

最大设计总质量 /kg	燃料消耗量限值—2024/（L/100 km）	燃料消耗量限值—2018/（L/100 km）	加严比例 /%
3 500 < GVW ≤ 4 500	9.7	10.6	8.5
4 500 < GVW ≤ 5 500	11.4	11.5	0.9
5 500 < GVW ≤ 7 000	13.1	13.3	1.5
7 000 < GVW ≤ 8 500	14.3	14.5	1.4
8 500 < GVW ≤ 10 500	15.8	16.0	1.3
10 500 < GVW ≤ 12 500	17.8	17.7	−0.6

最大设计总质量 /kg	燃料消耗量限值—2024/(L/100 km)	燃料消耗量限值—2018/(L/100 km)	加严比例 /%
12 500 < GVW ≤ 14 500	19.4	19.1	-1.6
14 500 < GVW ≤ 16 500	20.6	20.1	-2.5
16 500 < GVW ≤ 18 000	21.9	21.3	-2.8
18 000 < GVW ≤ 22 000	23.1	22.3	-3.6
22 000 < GVW ≤ 25 000	25.0	24.0	-4.2
GVW > 25 000	26.2	25.0	-4.8

表 1-69　自卸汽车油耗限值对比

最大设计总质量 /kg	燃料消耗量限值—2024/(L/100 km)	燃料消耗量限值—2018/(L/100 km)	加严比例 /%
3 500 < GVW ≤ 4 500	12.0	13.0	7.7
4 500 < GVW ≤ 5 500	12.5	13.5	7.4
5 500 < GVW ≤ 7 000	13.9	15.0	7.3
7 000 < GVW ≤ 8 500	16.2	17.5	7.4
8 500 < GVW ≤ 10 500	18.0	19.5	7.7
10 500 < GVW ≤ 12 500	20.3	22.0	7.7
12 500 < GVW ≤ 16 000	23.1	25.0	7.6
16 000 < GVW ≤ 20 000	27.3	29.5	7.5
20 000 < GVW ≤ 25 000	35.0	37.5	6.7

最大设计总质量 /kg	燃料消耗量限值—2024/（L/100 km）	燃料消耗量限值—2018/（L/100 km）	加严比例 /%
25 000 < GVW ≤ 31 000	38.2	41.0	6.8
GVW > 31 000	38.7	41.5	6.7

表 1-70 城市客车油耗限值对比

最大设计总质量 /kg	燃料消耗量限值—2024/（L/100 km）	燃料消耗量限值—2018/（L/100 km）	加严比例 /%
3 500 < GVW ≤ 4 500	10.9	11.5	5.2
4 500 < GVW ≤ 5 500	12.5	13.0	3.8
5 500 < GVW ≤ 7 000	14.3	14.7	2.7
7 000 < GVW ≤ 8 500	16.5	16.7	1.2
8 500 < GVW ≤ 10 500	19.4	19.4	0.0
10 500 < GVW ≤ 12 500	22.6	22.3	−1.3
12 500 < GVW ≤ 14 500	26.1	25.5	−2.4
14 500 < GVW ≤ 16 500	29.0	28.0	−3.6
16 500 < GVW ≤ 18 000	32.5	31.0	−4.8
18 000 < GVW ≤ 22 000	36.5	34.5	−5.8
22 000 < GVW ≤ 25 000	41.2	38.5	−7.0

第四阶段油耗采用 CHTC 工况替代了原有的 C-WTVC 工况，测试循环详细内容见本章 1.2.4 节。

欧洲标准

2

Emission standards for pollutants and greenhouse gases from
heavy-duty vehicles in China, Europe and America(2024)

2.1　污染物排放标准法规

2.1.1　发展历程

欧洲排放标准法规发展历程见表 2-1。

表 2-1　欧洲排放标准法规发展历程

主要标准法规	内容
88/77/EC	首次提出柴油车排放限值及测量方法
1996/96/EC	对 88/77/EC 的修订，增加了欧Ⅲ、欧Ⅳ、欧Ⅴ阶段排放限值和测量方法
2005/55/EC	2005 年之前所有标准法规的汇总版本（废除并替代 88/77/EC）
2005/78/EC	完善欧Ⅳ、欧Ⅴ内容及在用符合性要求和检查程序
（EC）No 595/2009	废除 2005/55/EC，发布欧Ⅵ排放限值及测量方法（后续修订完善欧Ⅵ）

2.1.2　污染物限值

2.1.2.1　欧Ⅰ阶段

欧Ⅰ阶段执行的法规由指令 88/77/EEC 的修订版本指令 91/542/EEC 构成。

适用范围：最高车速超过 25 km/h 的车用柴油发动机，其适用限值见表 2-2。

表 2-2　欧 I 阶段污染物限值

単位: g/（kW·h）

测试循环	污染物种类	欧 I	
		发动机功率 $P \leqslant 85$[①]	发动机功率 $P > 85$[①]
13 工况	CO	4.5（4.9）	4.5（4.9）
	HC	1.1（1.23）	1.1（1.23）
	NO_x	8.0（9.0）	8.0（9.0）
	PM	0.612（0.68）	0.612（0.68）

注：①括号内的数值为生产一致性（COP）限值。

2.1.2.2 欧 II 阶段

欧 II 阶段执行的法规由指令 88/77/EEC 的修订版本指令 91/542/EEC 和指令 96/1/EEC 构成。污染物限值见表 2-3。

表 2-3　欧 II 阶段污染物限值

単位: g/（kW·h）

测试循环	污染物种类	欧 II[②]
13 工况	CO	4.0
	HC	1.1

测试循环	污染物种类	欧II[②]
13 工况	NO$_x$	8.0
	PM[①]	0.15

注：①在 1997 年 9 月 30 日前的型式核准和 1998 年 9 月 30 日前首次注册的车辆，其气缸工作容积＜0.7 L、额定转速＞3 000 r/min 且
发动机功率＜85 kW 的发动机限值为 0.25 g/（kW·h）；
②生产一致性限值等于型式核准限值。

2.1.2.3 欧III阶段

欧III阶段执行的法规由指令 88/77/EC 的修订版本指令 1999/96/EC 和指令 2001/27/EC 构成。污染物限值见表 2-4。

表 2-4　欧III阶段污染物限值

单位：g/（kW·h）

污染物种类	欧III		欧III-EEV	
	ESC/ELR	ETC	ESC/ELR	ETC
	柴油	柴油／燃气	柴油	柴油／燃气
CO	2.10	5.45	1.50	3.00
HC	0.66	—	0.25	—
NMHC	—	0.78	—	0.40

污染物种类	欧 III		欧 III-EEV	
	ESC/ELR	ETC	ESC/ELR	ETC
	柴油	柴油 / 燃气	柴油	柴油 / 燃气
CH_4[2]	—	1.60	—	0.65
NO_x	5.00	5.00	2.00	2.00
PM	0.10/0.13[1]	0.16/0.21[1][3]	0.02	0.02[3]
烟度 $/m^{-1}$	0.80	—	0.15	—

注：①适用于单缸工作容积＜ 0.75 L、额定转速＜ 3 000 r/min 的发动机；

②仅适用于天然气发动机；

③不适用于欧 III 阶段气体发动机。

这些标准法规要求柴油机采用 ESC 循环和 ELR 循环进行测试。如果型式核准主管部门另有要求，可以使用 ETC 循环测试 NO_x 排放 [限值 6.5 g/（kW·h）]，装有后处理系统（如 PM 过滤器、降 NO_x 装置）的发动机使用 ESC、ELR 和 ETC 循环进行排放测试。气体燃料发动机仅进行 ETC 循环测试。

EEV ＝增强型环境友好车辆＝由满足排放限值的发动机（EEV 列表中）作为动力的车辆类型

对柴油机的具体要求如下：① ESC 排放控制区内随机检查点的 NO_x 排放值不得超过相邻测试模式插值的 10%；② ELR 随机转速的烟度值不得超过 2 个相邻测试转速烟度值的 20% 或超过限值的 5%；③欧 III 阶段禁止使用失效策略和不合理的排放控制策略。

2.1.2.4 欧Ⅳ阶段

欧Ⅳ阶段执行的法规由指令 88/77/EC 的修订版本指令 1999/96/EC、 指令 2005/55/EC 、指令 2005/78/EC 和指令 2006/51/EC 共同组成。污染物限值见表 2-5。

表 2-5 欧Ⅳ阶段污染物限值

单位：g/（kW·h）

污染物种类	欧Ⅳ		欧Ⅳ-EEV	
	ESC/ELR	ETC	ESC/ELR	ETC
	柴油	柴油 / 燃气	柴油	柴油 / 燃气
CO	1.50	4.00	1.50	3.00
HC	0.46	—	0.25	—
NMHC	—	0.55	—	0.40
CH_4 [1]	—	1.10	—	0.65
NO_x	3.50	3.50	2.00	2.00
PM	0.02	0.03 [2]	0.02	0.02 [2]
烟度 /m^{-1}	0.50	—	0.15	—

注：如有要求，柴油发动机须进行 ESC、ELR 和 ETC 循环试验，气体机应进行 ETC 循环试验；
①仅适用于天然气发动机；
②不适用于气体燃料发动机。

2.1.2.5 欧Ⅴ阶段

欧Ⅴ阶段执行的法规由指令 2005/55/EC 和指令 2005/78/EC 的修订版本指令 2006/51/EC 和指令 2008/74/EC 组成。污染物限值见表 2-6。

适用范围：由压燃式发动机或燃气发动机驱动的任何车辆，最大装载质量小于或等于 3.5 t 的 M_1 类车辆除外。

表 2-6　欧Ⅴ阶段污染物限值

单位：g/（kW·h）

污染物种类	欧Ⅴ		欧Ⅴ-EEV	
	ESC/ELR	ETC	ESC/ELR	ETC
	柴油	柴油/燃气	柴油	柴油/燃气
CO	1.50	4.00	1.50	3.00
HC	0.46	—	0.25	—
NMHC	—	0.55	—	0.40
CH_4 ①	—	1.1	—	0.65
NO_x	2.00	2.00	2.00	2.00
PM	0.02	0.03②	0.02	0.02②
烟度 /m⁻¹	0.50	—	0.15	—

注：对于型式核准和 EEV，ETC 和 ESC/ELR 测试都适用：
①仅适用于天然气发动机；
②不适用于气体燃料发动机。

2.1.2.6 欧Ⅵ阶段

欧Ⅵ阶段执行的法规由指令（EC）No 595/2009 及其后续修订版本构成。污染物限值见表2-7。

适用范围：最大总质量超过 2 610 kg 的 $M_1\backslash M_2\backslash N_1\backslash N_2$ 类车辆及所有的 M_3、N_3 类车辆装用的发动机。

表 2-7　欧Ⅵ阶段污染物限值

单位：mg/（kW·h）

污染物种类	WHSC（CI）	WHTC（CI）	WHTC（PI）
CO	1 500	4 000	4 000
HC	130	160	—
NMHC	—	—	160
CH_4	—	—	500
NO_x	400	460	460
PM	10	10	10
NH_3/ppm	10	10	10
PN/［#/（kW·h）］	8.0×10^{11}	6.0×10^{11}	6.0×10^{11}

2.1.3　试验方法

欧洲排放试验循环发展历程见表 2-8。

表 2-8　欧洲排放试验循环发展历程

法规实施阶段	试验方法
欧 I	13 工况
欧 II	13 工况
欧 III	ETC/ESC/ELR
欧 IV	ETC/ESC/ELR
欧 V	ETC/ESC/ELR
欧 VI	WHTC/WHSC/PEMS

2.1.3.1　欧 I 和欧 II 的试验循环

ECE R49 13 工况循环，详见图 1-1。

2.1.3.2　欧 III、欧 IV、欧 V 的试验循环

ESC 循环工况及权重如图 1-2 所示，ETC 循环工况如图 1-3 所示，ELR 循环工况如图 1-4 所示。

2.1.3.3　欧 VI 的试验循环

WHSC：工况及采样时长如图 1-5 和表 1-13 所示。

WHTC：循环工况如图 1-6 所示。

2.1.3.4　PEMS 试验

根据车辆行驶速度的快慢区分车辆运行道路的属性（表 2-9）：市区道路，车辆行驶速度为 0 ～ 50 km/h；市郊道路，车辆行驶速度为 50 ～ 75 km/h；高速道路，车辆行驶速度大于 75 km/h。计算方式为功基窗口法 /CO_2 窗口法。

表 2-9　PEMS 试验车辆分类及工况占比

道路类型	不同类别车辆工况占比 /%		
	$M_1/N_1/N_2$	M_2/M_3	N_3
市区	45	45　70[①]	20
市郊	25	25　30[①]	25
高速	30	30　0[①]	55

注：①适用于欧盟 2001/85/EC 法令规定的 I 类和 II 类或 A 类车的 M_2 和 M_3 类车。

2.1.4　耐久性及质保期要求

2.1.4.1　欧IV、欧V阶段

欧盟于 2005 年 9 月 28 日发布指令 2005/55/EC，对重型汽车排放控制系统的耐久性提出了要求（里程和时间以先到者为准）。此标准法规适用于欧IV、欧V阶段的发动机试验，详细内容见表 2-10。

表 2-10 欧Ⅳ、欧Ⅴ要求的有效寿命

汽车分类	有效寿命		允许最短试验里程 /km
	行驶里程 /km	使用时间 /a	
M₁	100 000	5	100 000
M₂	100 000	5	100 000
M₃ [Ⅰ、Ⅱ、A、B（GVM ≤ 7.5t）]	200 000	6	125 000
M₃ [Ⅲ、B（GVM > 7.5t）]	500 000	7	167 000
N₁	100 000	5	100 000
N₂	200 000	6	125 000
N₃（GVM ≤ 16 t）	200 000	6	125 000
N₃（GVM > 16 t）	500 000	7	167 000

注：自 2005 年 10 月 1 日起新型式核准的车辆和自 2006 年 10 月 1 日起所有型式核准的车辆均须满足此要求。

2.1.4.2 劣化因子

指令 2005/78/EC 给出了耐久性试验程序及劣化因子计算方法（表 2-11），同时规定了替代方法的固定劣化因子，对于未配备排气后处理系统的发动机，以劣化因子进行相加运算；对于配备排气后处理系统的发动机，以劣化因子进行乘积运算。

表 2-11 欧 IV、欧 V 给出的替代劣化因子

类型	试验循环	CO	HC	NMHC	CH₄	NOₓ	PM
柴油机	ESC	1.1	1.05	—	—	1.05	1.1
	ETC	1.1	1.05	—	—	1.05	1.1
气体机	ESC	1.1	1.05	1.05	1.2	1.05	—

2.1.4.3 欧 VI 阶段

欧 VI 耐久性要求见表 2-12。

表 2-12 欧 VI 耐久性要求

车辆类型	行驶里程 / 使用时间
$M_1 \backslash N_1 \backslash M_2$	160 000 km/5 a
N_2 和 GVM ≤ 16 t 的 N_3、 M_3 Ⅰ \ Ⅱ \ A 类及 GVM ≤ 7.5 t 的 B 类车	300 000 km/6 a
GVM > 16 t 的 N_3 类车、 M_3 Ⅲ 和 GVM > 7.5 t 的 B 类车	700 000 km/7 a

必须完成最短测试里程（表 2-13）以确定不同污染物的劣化因子，然后将这些值延长至参考里程时的排放。

表 2-13　欧VI最短测试里程要求

车辆类别	最短测试里程 /km
N_1 类车辆	160 000
N_2 类车辆	188 000
GVM ≤ 16 t 的 N_3 类车辆	188 000
GVM > 16 t 的 N_3 类车辆	233 000

基于上述方法可以确定相乘的劣化因子和相加的劣化因子，不能在同一组污染物中混用相乘和相加的劣化因子，也可使用表 2-14 所推荐的劣化因子。

表 2-14　欧VI给出的推荐劣化因子

测试循环	CO	THC	NMHC	CH_4	NO_x	NH_3	PM	PN
WHTC	1.3	1.3	1.4	1.4	1.15	1.0	1.05	1.0
WHSC	1.3	1.3	1.4	1.4	1.15	1.0	1.05	1.0

对排放测试结果使用劣化因子修正后，发动机排放应满足欧VI阶段各污染物限值要求。

2.1.5 OBD

2.1.5.1 发展历程

从欧Ⅳ阶段开始，欧洲引入 OBD。OBD 发展历程及相关要求见表 2-15、表 2-16。

表 2-15 欧洲重型车 OBD 发展历程

阶段	OBD 阶段	法规编号	新型式检验日期	销售日期
欧Ⅳ	OBD Ⅰ	2005/55/EC	2005.10.01	2006.10.01
	OBD Ⅰ +	2005/55/EC、2006/51/EC	2006.10.01	2007.10.01
欧Ⅴ	OBD Ⅱ	2005/55/EC、2006/51/EC	2008.10.01	2009.10.01

表 2-16 欧Ⅵ阶段 OBD 要求

单位：mg/（kW·h）

新型式检验日期	销售日期	点燃式发动机	压燃式发动机	所有发动机		
		CO	PM	NOₓ	IUPR[②]	反应剂质量及消耗量监测	额外的 OBD 要求
2012.12.31	2013.12.31	—	性能监控[①]	1.500	逐步引用[③]	逐步引用[③]	N/A
2014.09.01	2015.09.01	7.500	—	1.500	逐步引用[③]	逐步引用[③]	N/A
2015.12.31	2016.12.31	7.500	25	1.200	一般要求[④]	一般要求[④]	是

注：①性能监测要求适用于颗粒后处理装置；② IUPR 在用性能比；③应采用同步化的要求；④一般要求适用。

2.1.5.2 OBD 限值

OBD 能够快速检测车辆上排放关键部件和系统的故障。欧Ⅳ阶段 OBD 测试使用 ESC 测试循环进行，每个工况的长度减少到 60 s。

表 2-17　OBD 限值

故障情况	NO_x 排放值 / [g/（kW·h）]	PM 排放值 / [g/（kW·h）]
欧Ⅳ（2005）A 类		
欧Ⅴ（2008）B 类	7.0	0.1
环境友好车辆 C 类		

2.1.5.3 OBD 监测要求

OBD Ⅰ（仅适用于柴油机）监控要求见表 2-18。

表 2-18　OBD Ⅰ监控要求

监控区域（如适用）	故障内容
后处理系统	• 催化转化器拆除； • deNO$_x$ 系统效率降低； • 颗粒捕集器效率降低； • 组合式降 NO_x-PM 系统效率降低

在 OBD I 及 OBD II 阶段，为确保 NO_x 控制措施正确工作，其要求见表 2-19。

表 2-19　确保 NO_x 控制措施正确工作的要求

监控区域	控制方式
发动机系统的 NO_x 控制 ● 缺少所需反应剂； ● EGR 流量不正确； ● EGR 不动作等	通过相关传感器监测排气中 NO_x 排放量： ● 当 NO_x 排放 OBD 相应阶段限值 +1.5 g/（kW·h）时，应激活故障指示器（MI）以通知驾驶员； ● 当 NO_x 排放超过 7 g/（kW·h）时，应激活扭矩限制器以降低发动机性能，故障指示器警示驾驶员，并存储不可清除故障码。 应存储确定 NO_x 超标原因的不可清除故障码
反应剂控制 ● 反应剂贮量低于贮存罐的 10% 容量，或低于制造企业选择的高于 10% 的百分比； ● 反应剂余量能行驶距离小于燃油箱内剩余燃料能行驶距离； ● 反应剂耗尽； ● 反应剂实际平均消耗量与理论平均消耗量差值超过 50%（发动机前 48 h 运行时间或至少 15 L 反应剂消耗运行期间，选择二者中时间较长者与理论平均消耗量进行比较）	● 反应剂贮存量指示器报警； ● 反应剂贮存量指示器报警； ● 激活故障指示器以警示驾驶员，同时激活扭矩限制器以降低发动机性能

监控区域	控制方式
防止排气后处理系统损坏的措施	<ul><li>当发动机怠速且出现需要激活扭矩限制器的故障时，应限制发动机的扭矩；</li><li>当发动机怠速时，若激活扭矩限制器的条件已不存在，则扭矩限制器应自动复原到未激活状态</li></ul>
排放控制监测系统失效 各传感器电器故障、拆除和无法监测排放增加的故障，如 NO_x 浓度传感器、尿素质量传感器、反应剂给料动作监测传感器、EGR 率、反应剂存量等	<ul><li>若确定排放控制监测系统存在故障，系统应立即激活故障指示器以警告驾驶员；</li><li>如果故障在发动机运行 50 h 后仍未被修复，应自动激活扭矩限制器。</li></ul>关于排放控制监测系统失效的故障代码，采用任何通用诊断仪都不能将其从系统存储器内清除，至少保留发动机工作 400 d 或 9 600 h
排放控制监测系统的工作条件： 环境温度为 -7 ~ 35℃，海拔低于 1 600 m，发动机冷却液温度 > 70℃	扭矩限制器值：<ul><li>16 t 以上的 N_3 类、M_1 类、M_3/ III 类车辆和 7.5 t 以上的 M_3/B 类车辆，限制到最大扭矩的 60%；</li><li>16 t 及以下的 N_1、N_2、N_3 类车辆，3.5 ~ 7.5 t 的 M_1 类、M_2 类、M_3/ I 、M_3/ II 、M_3/A 类车辆，7.5 t 及以下的 M_3/B 类车辆，限制到最大扭矩的 75%</li></ul>

OBD II 阶段（欧 V）适用于柴油机和燃气发动机的附加要求见表 2-20。

表 2-20　OBD 附加要求

监控区域（如适用）	故障内容
deNO$_x$ 系统	• 系统被完全拆除或被假系统替代； • 缺少反应剂及反应剂消耗量异常； • 系统电器件故障； • 反应剂供给系统故障
颗粒捕集器系统	• 压差超限； • 系统电器件故障； • 反应剂定量喷射系统故障
燃料系统	• 燃料喷射系统故障； • 燃料计量装置； • 正时执行器电路连续性异常； • 总功能性故障
发动机或后处理系统与排放相关的部件	• EGR 系统故障； • 进气及增压系统故障； • 再生控制系统故障

2.1.6　基准燃料

重型车用柴油机（压燃）基准柴油标准见表 2-21。

表 2-21　重型车用柴油机（压燃）基准柴油标准

项目	欧Ⅰ / 欧Ⅱ / 欧Ⅲ	欧Ⅳ / 欧Ⅴ	欧Ⅵ	测试方法
十六烷值	49～53	52～54	52～56	EN ISO 5165
密度（15℃）/（kg/m³）	835～845	833～837	833～837	EN ISO 3675
馏程： 50% 回收温度 /℃ 95% 回收温度（欧Ⅰ / 欧Ⅱ / 欧Ⅲ为90%）/℃ 终馏温度 /℃	＞245 320～340 ＜370	＞245 345～350 ＜370	＞245 345～350 ＜360	EN ISO 3405 EN ISO 3405 EN ISO 3405
运动粘度（40℃）/（mm²/s）	2.5～3.5	2.5～3.5	2.3～3.3	EN ISO 3104
硫含量 /（mg/kg）	＜300	＜300	＜10	EN ISO 20856/ EN ISO 20884
闪点 /℃	＞55	＞55	＞55	EN 22719
冷滤点 /℃	＜-5	＜-5	＜-5	EN 116
多环芳烃含量 /%（m/m）	—	3～6	2～4	EN 12916
铜腐蚀等级	1 级	1 级	1 级	EN ISO 2160
10% 蒸余物残碳 /%（m/m）	＜0.2	＜0.2	＜0.2	EN ISO 10370
灰分 /%（m/m）	＜0.01	＜0.01	＜0.01	EN ISO 6245

项目	欧Ⅰ/欧Ⅱ/欧Ⅲ	欧Ⅳ/欧Ⅴ	欧Ⅵ	测试方法
水含量 /%（m/m）	＜0.05	＜0.05	＜0.02	EN ISO 12937
酸度 /（mg KOH/g）	＜0.20	＜0.02	＜0.10	ASTM D974
氧化安定性总不溶物（MASS）/（mg/mL）	＜0.025	＜0.025	＜0.025	EN ISO 12205
氧化稳定性（FAME 含量≥2%）/h	—		＞20	EN 15751
润滑性（60℃时 HRFF 磨痕直径）/μm	—		＜400	EN ISO 12156
脂肪酸甲酯含量（体积分数）/%	—		6～7	EN 14078

注：如果制造商允许适用 EN 590 CEN 标准未包含的市场燃料，如适用 B100，制造商需要：证明源机能够满足欧洲排放法规对申报燃料的要求；有责任满足申报燃料的在用符合性要求，包括申报的燃料与相关 CEN 标准中包含的市售燃料任意混合。

重型气体发动机（天然气／生物甲烷）燃料参考值见表 2-22。

表 2-22　重型气体发动机（天然气／生物甲烷）燃料参考值

参数	欧Ⅳ、欧Ⅴ、欧Ⅵ			
	基准	最小	最大	测试方法
燃料 G_R				
CH_4/%mol	87.0	84.0	89.0	—

参数	欧IV、欧V、欧VI			
	基准	最小	最大	测试方法
C_2H_6/%mol	13	11	15	—
平衡气 /%mol	—	—	1	ISO 6974
硫含量 / (mg/m^3)	—	—	10	ISO 6326-5
燃料 G_{23}				
CH_4/%mol	92.5	91.5	93.5	—
平衡气 /%mol	—	—	1	ISO 6974
N_2/%mol	7.5	6.5	8.5	—
硫含量 / (mg/m^3)	—	—	10	ISO 6326-5
燃料 G_{25}				
CH_4/%mol	86.0	84.0	88.0	—
平衡气 /%mol	—	—	1	ISO 6974
N_2/%mol	14.0	12.0	16.0	—
硫含量 / (mg/m^3)	—	—	10	ISO 6326-5

注：源机应符合对参考燃料的要求。应制造商要求，当 3 种燃料是市售燃料时，制造商可以使用这几种燃料进行测试。试验结果可以作为生产一致性依据。

乙醇柴油发动机 / 专用压缩点火发动机（ED95）燃料参考值见表 2-23。

表 2-23   重型车用发动机的乙醇燃料参考值

参数	欧Ⅳ、欧Ⅴ	欧Ⅵ	测试方法
总乙醇 /%（m/m）	＞ 92.4	＞ 92.4	EN 15721
其他饱和醇（$C_3 \sim C_5$）/%（m/m）	＜ 2	＜ 2	EN 15721
甲醇 /%（m/m）	—	＜ 0.3	EN 15721
密度（15℃）/（kg/m³）	795 ～ 815	793 ～ 815	ENISO 12185
灰分 /%（m/m）	＜ 0.001	—	ISO 6245
酸度（以醋酸值计算）/%（m/m）	＜ 0.002 5	＜ 0.002 5	EN 15491
闪点 /℃	＞ 10	＞ 10	EN 3679
干渣 /（mg/kg）	＜ 15	＜ 15	EN 15691
含水量 /%（m/m）	＜ 6.5	＜ 6.5	EN 15489
醛类（如乙醛）/%（m/m）	＜ 0.002 5	＜ 0.005	ISO 1388-4
中和作用数量（强酸）/（mg KOH/L）	＜ 1	—	—
酯类（如乙酸乙酯）/%（m/m）	＜ 0.1	＜ 0.1	ASTM D1617
硫含量 /（mg/kg）	＜ 10	＜ 10	EN 15485 或 EN 15486
硫酸盐 /（mg/kg）	—	＜ 4.0	EN 15492
PM/（mg/kg）	—	＜ 24	EN 12662
磷含量 /（mg/kg）	—	＜ 0.2	EN 15487
无机氯化物 /（mg/kg）	—	＜ 1.0	EN 15484 或 EN 15492

参数	欧IV、欧V	欧VI	测试方法
铜含量 /（mg/kg）	—	< 0.1	EN 15488
导电率 /（μS/cm）	—	< 2.5	DIN 51627 或 prEN 15938
外表	—	皎洁	
颜色（等级）	< 10	—	ASTM D1209

2.1.7 欧VII发展趋势

2.1.7.1 欧盟委员会

2022 年 11 月 10 日，欧盟委员会提出了欧VII（Euro VII、Euro7、欧 7）提案，旨在减少在欧盟销售的新机动车的空气污染。对重型车耐久性、排放污染物及限制、刹车排放等方面提出了初步的计划。

该提案的目标是，2025 年 7 月 1 日对汽车和面包车生效（小批量制造商为 2030 年 7 月 1 日），2027 年 7 月 1 日对重型车辆生效（小批量制造商为 2031 年 7 月 1 日）。

内燃机和装用内燃机的 M_2、M_3、N_2 和 N_3 车辆的欧VII污染物排放限值见表 2-24。

表 2-24　内燃机和装用内燃机的 M_2、M_3、N_2 和 N_3 车辆的欧VII污染物排放限值

污染物	冷排放[①]/[mg/（kW·h）]	热排放[②]/[mg/（kW·h）]	行程小于 3 个 WHTC 的限值/[mg/（kW·h）]	可选怠速排放限值[③]/（mg/h）
NO_x	350	90	150	5 000
PM	12	8	10	—
PN_{10}/［#/（kW·h）］	$5×10^{11}$	$2×10^{11}$	$3×10^{11}$	—
CO	3 500	200	2 700	—
NMOG	200	50	75	—
NH_3	65	65	70	—
CH_4	500	350	500	—
N_2O	160	100	140	—
HCHO	30	30	—	—

注：①冷排放是指车辆的移动窗口（MW）的 100% 为 1 个 WHTC，发动机的移动窗口为冷态 WHTC；
　　②热排放是指移动车窗（MW）的第 90 百分位，窗口长度为 1 个热态 WHTC；
　　③仅当连续怠速运行 300 s 后（一旦车辆停止并制动）没有自动关闭发动机的系统才适用该应用。

　　使用市售燃料和车辆制造商技术规范许可的润滑剂的 M_2、M_3、N_2 和 N_3 类车辆污染物排放限值符合性测试条件见表 2-25。

表 2-25 使用市售燃料和车辆制造商技术规范许可的润滑剂的 M_2、M_3、N_2 和 N_3 类车辆污染物排放限值符合性测试条件

参数	正常驾驶条件	延长驾驶条件[1]
扩展符合性系数	—	2（仅适用于符合本列所示条件之一时测量的排放量）
环境温度	$-7 \sim 35℃$	$-10 \sim -7℃$ 或 $35 \sim 45℃$
最大海拔高度	1 600 m	1 600 ~ 1 800 m
牵引 / 空气动力学修正	不允许	符合制造商规范和规定速度时允许
车辆有效载荷	高于或等于 10%	小于 10%
附件	正常使用时可用	—
内燃机冷启动负载	任何情况	—
行程组成	任何情况	—
最小里程数	< 16 t TPMLM 时，为 5 000 km > 16 t TPMLM 时，为 10 000 km	< 16 t TPMLM 时，为 3 000 ~ 5 000 km > 16 t TPMLM 时，为 3 000 ~ 10 000 km

注：①若车辆行驶条件不在此范围内，应采用同样的排放策略，除非有型式认证机构批准的技术原因。

车辆、发动机和污染控制系统的寿命见表 2-26。

表 2-26　车辆、发动机和更换污染控制系统的寿命

车辆、发动机和更换污染控制装置的寿命	M_1、N_1 和 M_2	N_2、$N_3 < 16\,t$、$M_3 < 7.5\,t$	$N_3 > 16\,t$、$M_3 > 7.5\,t$
主要使用寿命	最高 160 000 km 或 8 a，以先到者为准	300 000 km 或 8 a，以先到者为准	700 000 km 或 15 a，以先到者为准
附加寿命	在主要使用寿命后，最长 200 000 km 或 10 a，以先到者为准	主要使用寿命后，最长可达 375 000 km	在主要使用寿命后，最长可达 875 000 km

附加寿命期间的耐久性扩展系数见表 2-27。

表 2-27　附加寿命期间的耐久性扩展系数

耐久性扩展系数	M_1、N_1 和 M_2	N_2、$N_3 < 16\,t$、$M_3 < 7.5\,t$	$N_3 > 16\,t$、$M_3 > 7.5\,t$
延长寿命的耐久性系数	1.2 倍气体污染物限值	—	—

2.1.7.2　欧盟理事会

2023 年 9 月 25 日，欧盟理事会在其第 3970 次会议上对欧盟委员会 2022 年 11 月 10 日发布的欧盟汽车欧Ⅶ阶段污染物排放法规的草案文本形成了理事会（欧盟各个成员国）的观点和立场，以及欧盟理事会的法规文本。欧盟理事会此次达成一致的法规文本对中重型车辆，即 M_2、M_3、N_2 和 N_3 类车辆的排放限值

指标同样作了大幅删除（如删除了原草案文本中单独冷启动排放、热启动排放，以及 3×WHTC 排放）和降低，同时对中重型车辆排放的测试规程也略作调整，详情见表 2-28。

表 2-28　内燃机和装用内燃机的 M_2、M_3、N_2 和 N_3 类车辆的欧Ⅶ污染物排放限值

单位：mg/（kW·h）

污染物	WHSC[①]/WHTC	RDE 测试
NO_x	230	300
PM	8	—
PN_{23}/［#/（kW·h）］	$6×10^{11}$	$9×10^{11}$
CO	1 500	1 950
NMOG	80	105
NH_3	65	85
CH_4	500	650
N_2O	200	260

注：①仅适用于压燃式发动机。

2.1.7.3　欧盟议会

2023 年 10 月 12 日，在欧盟议会的环境、公共健康和食品安全委员会（ENVI）召开的定期会议上通过了该委员会对欧Ⅶ排放法规草案的立场和文本。ENVI 通过的法规文本还将欧盟委员会起草的原草案文本中

针对重型车辆（大客车和重型载货车，即 M_2、M_3、N_2、N_3 类车辆）的污染物限值指标进一步加严，包括重型车辆的实际驾驶排放，详情见表 2-29。

表 2-29　内燃机和装用内燃机的 M_2、M_3、N_2 和 N_3 类车辆的欧Ⅶ污染物排放限值

单位：mg/（kW·h）

污染物	WHSC[①]/WHTC	RDE 测试
NO_x	140	180
PM	8	10
PN_{10}/［#/（kW·h）］	3×10^{11}	4×10^{11}
CO	770	1 000
NMOG	75	98
NH_3	60	78
CH_4	385	500
N_2O	105	140
HCHO	20	30

注：①仅适用于压燃式发动机。

2.2 温室气体排放法规

2.2.1 发展历程

（EC）No 595/2009 法规引入了重型车的 CO_2 排放量和燃料消耗测试程序。（EU）2017/2400 法规提供了一种基于 VECTO 工具的模拟计算方法，通过该方法可以模拟计算重型车的 CO_2 排放。

2019 年 6 月，欧盟制定了（EU）2019/1242 号法规，作为其第一部重型车 CO_2 排放标准。该法规要求以 2019/ 2020 年为基准，将重型车类别的平均 CO_2 排放量在 2025 年降低 15%、在 2030 年降低 30%。基准值基于在有关 CO_2 监测和报告的单独法规下收集到的经认证的新卡车 CO_2 排放量确定（表 2-30）。

表 2-30　欧洲温室气体管控

法规	管控措施
（EU）2017/2400	在欧盟新生产的重型车辆： • 油耗和 CO_2 排放量进行认证； • 发动机实测； • 整车 VECTO 软件模拟； • 18 个车辆组别
（EU）2018/956	欧盟新注册重型车辆按照标准要求报告 CO_2 排放值： • 从 2020 年开始，欧洲环境署将公布前一年在欧盟范围内新认证车辆的认证信息，其中 CO_2 排放量将以车队作为一个整体，以及每个企业、每个车辆分组的 CO_2 排放情况

法规	管控措施
（EU）2019/1242	第4类、第5类、第9类和第10类车辆分组设定了 CO_2 减排目标： • 将 2019 年 7 月 1 日至 2020 年 6 月 30 日所有新注册的重型车辆的 CO_2 排放值作为基准值； • 2025 年，重型柴油车平均 CO_2 排放量减少 15%，到 2030 年减少 30%

2.2.2 适用范围

各类车辆 CO_2 监测和报告要求实施时间如表 2-31 所示。

表 2-31 监控和报告法规（EU）2018/956 实施时间

实施阶段	实施日期	车轴	轴配置	底盘配置	重量 /t	车辆类别
I	2019 年 1 月 1 日新生产车辆、2019 年 7 月 1 日所有车辆	2	4×2	货车	> 16	4
		2	4×2	牵引车	> 16	5
		3	6×2/6×4	货车	所有权重	9
		3	6×2/6×4	牵引车	所有权重	10
II	2020 年 1 月 1 日所有车辆	2	4×2	货车 + 牵引车	7.5 ~ 10	1
		2	4×2	货车 + 牵引车	> 10 ~ 12	2
		2	4×2	货车 + 牵引车	> 12 ~ 16	3
III	2020 年 7 月 1 日所有车辆	3	6×4	货车	所有权重	11

实施阶段	实施日期	车轴	轴配置	底盘配置	重量 /t	车辆类别
III	2020 年 7 月 1 日 所有车辆	3	6×4	货车	所有权重	12
		4	6×4	货车	所有权重	16
不适用	不包括在第一阶段法规中	2	4×2	货车	> 3.5 ~ 7.5	(0)
		2	4×4	货车	7.5 ~ 16	(6)
		2	4×4	货车	> 16	(7)
		2	4×4	牵引车	> 16	(8)
		3	6×6	货车	所有权重	(13)
		3	6×6	牵引车	所有权重	(14)
		4	8×2	货车	所有权重	(15)
		4	8×6/8×8	货车	所有权重	(17)

注：括号中的数值表示此类别车辆不适用。

2.2.3 目标值

CO_2 标准遵循油箱到车轮的方法，仅针对受管制类别车辆的尾气 CO_2 排放。对于每个制造商而言，CO_2 排放是基于整个车辆类别范围内的平均 CO_2 比排放，以 g/（t·km）表示，并使用模拟工具（VECTO）进行计算。该标准限值仅管控 CO_2 排放，其他的温室气体（如 CH_4 或 N_2O）均未受到监管（但是自欧 III 阶段以来，燃气发动机的 CH_4 排放已受到监管）。

　　对于设定年份，报告期包括从设定年份的 7 月 1 日至次年 6 月 30 日注册的车辆。该法规分为 2 个阶段：① 2025—2029 年，比基准降低 15%；②从 2030 年开始，比基准降低 30%。

2.2.4　核算方法

　　首先，从每个子类别中所有车辆的 CO_2 排放量开始计算（VECTO，表 2-32），并针对不同的循环和有效载荷进行加权。其次，使用里程和有效载荷加权因子（MPW）对所有子类别的排放进行平均，该因子反映了车辆子类别之间运输活动的差异。最后，用排放量乘以零排放和低排放车辆（ZLEV）因子。

表 2-32　VECTO 概述

1. 测试	2. 输入 （认证数据和车辆参数）	3. 模拟	4. 输出
部件测试	发动参数和数据 轮胎参数和数据 车辆参数和数据 变速箱参数和数据	VECTO 生成单车 CO_2 数据	• 车辆 CO_2 认证：客户信息作为道路收费、公共采购、其他待定项等用途的基础 • 监测和报告：设置 2025 年和 2030 年限值、欧盟成员国的年度报告、提供欧盟车队排放评估总量 • CO_2 排放标准：对 2025 年和 2030 年限值进行评估、积分评估

　　该法规以固定的基准排放量为基础，采用衡量车辆子组平均 CO_2 排放减少量的方法，适用于所有制造商的每种车辆子类别（表 2-33）。基准排放量是基于 2019 年 7 月 1 日至 2020 年 6 月 30 日的监测和报告法规中的数据得出的。

表 2-33　以 CO_2 标准为目的的车辆类别

类别	车辆类型	车辆子组[①]	驾驶室类型	发动机功率 /kW	MPW[②]
整体式 4×2 轴（GVW > 16 t）	4	4-UD	所有	< 170	0.099
		4-RD	日间型	≥ 170	0.154
			卧铺型	170 ～ 265（含 170）	
		4-LH	卧铺型	≥ 265	0.453
牵引 4×2 轴（GVW > 16 t）	5	5-RD	日间型	所有	0.498
			卧铺型	< 265	
		5-LH	卧铺型	≥ 265	1.000
整体式 6×2 轴	9	9-RD	日间型	所有	0.286
		9-LH	卧铺型		0.901
牵引 6×2 轴	10	10-RD	日间型	所有	0.434
		10-LH	卧铺型		0.922

注：① UD 为城市运输，RD 为区域运输，LH 为长途运输；
　　② MPW 代表里程和有效载荷加权因子。

2.2.5　积分政策与罚则

2.2.5.1　零排放和低排放车辆的激励措施

　　零排放车辆（ZEV）是经认证的排气中 CO_2 排放为零的车辆。如果卡车的 CO_2 排放量小于相应子组类

别的基准 CO_2 排放量的 50%，则将其指定为低排放车辆（LEV）。

（EU）2019/1242 包括 2 种类型的激励措施，以加快 ZEV 和 LEV 的研发与部署：① 2019—2024 年，可以使用"超级积分"；② "基准"奖励制度自 2025 年起生效。

在每种情况下，激励都是作为 ZLEV（零排放和低排放车辆）因子应用的，以减少制造商的排放。ZLEV 系数的上限为 0.97，这意味着 ZLEV 激励措施最多只能将制造商的平均排放量降低 3%。ZLEV 的最终激励仅限于 N 类车辆（不包括公共汽车）。在受管制的车辆类别中，ZEV 和 LEV 都计入激励措施。在不受管制的卡车类别中，只有 ZEV 属于奖励范围。

2.2.5.2　超级积分

在超级积分计划下，ZLEV 因子在计算制造商的平均 CO_2 排放量时不止针对一种车辆。ZEV 取平均值集中重复计算一次，而 LEV 最多可算作 2 车辆，具体取决于它们的 CO_2 排放量。当它们的 CO_2 排放量从基准值的 50% 以下减少到零时，其超级积分系数从 1 线性增加到 2（排放低于基准值的 75% 的 LEV 计为 1.5 辆车）。

超级积分 ZLEV 因子的计算取决于制造商车队中 ZLEV 的份额，以及每个 ZLEV 适用的超级积分乘数。对于给定的制造商，ZLEV 因子计算公式如下：

$$ZLEV_{系数} = V / (V_{conv} + ZLEV_{in} + ZEV_{out}) \qquad (2\text{-}1)$$

式中：V——可调节的重型车的总数，辆；

V_{conv}——具有常规动力总成的重型车总数，辆；

$ZLEV_{in}$——扣除超级积分后受监管类别中 ZLEV 车辆的总数，辆；

ZEV$_{out}$——受管制类别之外的 ZEV 车辆数 ×2，辆。

2.2.5.3　基准系统

从 2025 年起，只有达到 2% 的销售基准，制造商才能获得 ZLEV 的销售奖励。如果没有达到销售基准，也不会有负面影响。

LEV 在 0～1 之间计数，这取决于它们的 CO_2 排放量。例如，CO_2 排放量在基准值的 75% 以下的 LEV 在 ZLEV 销售份额中算作 0.5。基准 ZLEV 因子计算公式如下：

$$ZLEV_{系数} = 1 - (ZLEV_{销售份额} - 0.02) \qquad (2-2)$$

ZLEV 因子的上限为 0.97，因此当制造商的 ZLEV 份额达到 5% 时可以达到最大允许收益。受管制的车辆类别中，ZLEV 的销售份额至少需要 0.75% 才能从激励措施中受益。否则，不管受管制类别之外出售了多少 ZEV，ZLEV 因子均将设置为 1。

2.2.5.4　灵活性和其他规定

（1）存储和交易计划

允许制造商在特定时间段内累积 CO_2 排放积分和负积分。在任何给定时间里，制造商的总负积分不得超过其 2025 年目标的 5% 乘以相应的车辆数量。所有负积分必须在 2029 年之前清算，累积的积分或负积分不能结转到 2030 年。积分和负积分不可在制造商之间转让。

（2）罚款

2025—2029 年，制造商必须为 1 g/（t·km）的 CO_2 过量排放支付 4 250 欧元 / 辆的罚款，从 2030 年起该罚款升至 6 800 欧元。

（3）现实世界中的 CO_2 排放量和能源消耗量

重型车的 CO_2 标准包含对重型车型式核准法规的修订，该修订引入了油耗和有效载荷的车载仪表要求。

（4）在用车的 CO_2 排放核查

型式核准机构负责核实认证的 CO_2 排放量是否与在用核查测试测得的值相对应。道路验证测试（于 2019 年推出，作为对 CO_2 认证法规的修正）用于测量重型车的车轮扭矩、发动机转速和油耗。为了通过测试，测得的 CO_2 排放量不得超出认证值的 7.5%。

2.2.6　未来发展趋势

2.2.6.1　适用范围扩大

2023 年 2 月 14 日，欧盟委员会发布了对欧盟重型车 CO_2 标准的修订提案（EU）2019/1242，将欧盟原法规（EU）2019/1242 的适用范围从中重卡车扩展到其他的中重型车辆，包括中重型客车。

2.2.6.2　进一步加严限值

与现行法规相比，新修订的提案（EU）2019/1242 将 2030 年的 CO_2 减排目标提升至 45%，并新增了

2035 年 65% 和 2040 年 90% 的碳减排目标，以及城市公交客车 2030 年新车 100% 零排放的要求。

2023 年 10 月 17 日，欧盟理事会通过了针对货车及大客车（重型车）的 CO_2 排放标准提案。此次磋商保留了欧盟委员会 2023 年 2 月 14 日提案的大部分内容，通过了目前全球最为严格的重型车 CO_2 减排目标：到 2030 年减排 43%，到 2035 年减排 64%，到 2040 年减排 90%，城市公交车要在 2035 年以前实现零排放，零排放城市公交车占比在 2030 年前需要达到 85%。

2.2.6.3　规定了豁免企业或豁免车型

对于生产下述车辆的企业，在计算该企业的平均 CO_2 排放值时，下述情况不计算在内：

- 小批量车辆生产企业；
- 用于矿业、林业和农业目的的车辆；
- 其设计和结构用于军队的车辆，以及履带式车辆；
- 其设计和结构或改造用于民防、消防，以及用于负责维护公共秩序的军队，或用于紧急医疗的车辆；
- 各种专业作业车辆，如垃圾车、起重车、工程作业车辆等。

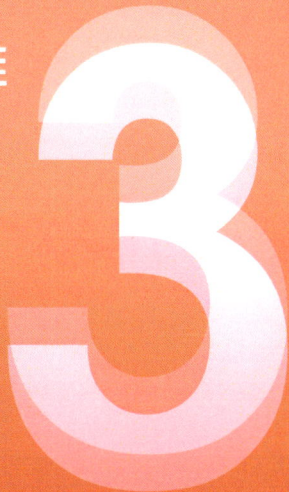

美国标准

3.1　污染物排放标准

3.1.1　发展历程

美国第一个重型发动机排放标准从 1974 年开始实施。20 世纪 80—90 年代，该标准限值多次收紧，其中包括一些重要措施，如收紧了 PM 排放限值，1991 年为 0.25 g/BHPh[1]，1994 年为 0.10 g/BHPh；收紧了 NO_x 排放限值，1998 年为 4.0 g/BHPh。

1997 年 10 月，美国国家环境保护局（EPA）对 2004 型年及之后的重型柴油发动机执行新的排放标准。其目标从 2004 年开始将公路重型发动机的 NO_x 排放量降至约 2.0 g/BHPh 的水平。

2000 年 12 月，EPA 发布了 2007 型年及之后的重型公路发动机的排放标准，并在 2007—2010 年分阶段实施。除排放标准外，该法规还包括超低硫（15 ppm）柴油要求。

2020 年 8 月，美国加利福尼亚州空气资源委员会（CARB）采用针对重型发动机的低 NO_x 排放法规，即综合法规。该法规将 FTP NO_x 限值从 2024 年起收紧至 0.050 g/BHPh，从 2027 年起收紧至 0.02 g/BHPh，同时引入了新的低负荷认证循环（LLC）和相应的 NO_x 限值，并将排放耐久性要求延长。

2022 年 3 月，EPA 重新启动了低 NO_x 监管流程，并于当年 12 月最终确定了重型发动机的新排放标准，将于 2027 年生效（以下简称 EPA 2027）。该标准在一定程度上与 CARB 低 NO_x 法规相一致，但在排放限值和排放耐久性上放松了要求。

---

1 BHPh 是 Brake Horsepower Per Hour 的缩写，代表制动马力 / 小时，即单位时间内汽车刹车时所产生的马力。

3.1.2 污染物限值

3.1.2.1 EPA

EPA 发布的相关污染物限值见表 3-1 至表 3-7。

表 3-1　EPA 重型发动机排放限值

年份	排放限值 / (g/BHPh)				
	NO$_x$	HC+NO$_x$	HC	PM	CO
1974	—	16	—	—	14
1979	—	10	1.50	—	25
1985	10.7	—	1.30	—	15.5
1988	10.7	—	1.30	0.60	15.5
1990	6.0	—	1.30	0.60	15.5
1991	5.0	—	1.30	0.25	15.5
1994	5.0	—	1.30	0.10	15.5
1998	4.0	—	1.30	0.10	15.5
2004	—	2.5	—	0.10	15.5
2007	0.2（50% 达标）	2.5（50% 达标）	0.14	0.01	15.5
2010	0.2	—	0.14	0.01	15.5

表 3-2　烟度限值

模式	加速 A	加载 B	峰值 C
不透光度 /%	20	15	50

表 3-3　GVW ≥ 8 500 lb 系族排放限值

年份	NO_x + NMHC/（g/BHPh）	PM/（g/BHPh）
2007 年以前	4.5 或 4.5 及 0.5 倍 NMHC（ABT）限值	0.25
2007 年及以后	2.4 或 2.5 及 0.5 倍 NMHC（ABT）限值	0.25

注：1 lb≈0.453 6 kg。

表 3-4　2007 年以后的分步实施计划

项目	标准 /（g/BHPh）	实施比例 /%			
		2007 年	2008 年	2009 年	2010 年
NO_x	0.2	50	50	50	100
NMHC	0.14	50	50	50	100
CO	15.5	100			
PM	0.01	100			
HCHO	0.01	100			

注：在 EPA 2004 型年的定义中，可以将 2007 型年至 2009 型年车辆的 NO_x 与 NMHC 合并，同时需要符合 2007 型年的所有其他要求；
　　2006 型年型式核准生产的 50% 车辆满足 NO_x+NMHC 标准。

表 3-5　ABT 及 FEL 限值

型年	系族排放限值 / (g/BHPh)	
	NO_x	PM
2007—2010 年	2.0	0.02
2010 年及以后	0.50	0.02

表 3-6　蒸发排放限值：重型点燃式发动机

单位：g/test

型年	GVWR/lb	3 d+ 热浸	2 d+ 热浸	运行损失	燃油回油
1998MY，+	≤ 14 000	3.0	3.50	0.05	1.0
	> 14 000	4.0	4.50	0.05	—
2008MY，+	≤ 14 000	1.4	1.75	0.05	1.0
	> 14 000	1.9	2.30	0.05	—

表 3-7　重型车用发动机清洁燃料汽车尾气排放标准

单位：g/BHPh

排放类别	NMHC+NO_x	CO	PM	HCHO
LEV	3.8	①	①	①
LEV	3.5	①	①	①

排放类别	NMHC+NO$_x$	CO	PM	HCHO
ILEV	2.5	14.4	0.10	0.05
ULEV	2.5	7.2	0.05	0.025
ZEV	0	0	0	0

注：①重型低排放车辆使用的发动机尾气排放应满足 CFR 86 规定的 CO、PM 和 THC 限值要求。

3.1.2.2 CARB

2004 年及后续型号的奥托循环中型、重型车辆排放标准限值见表 3-8。

表 3-8 2004 年及后续型号的奥托循环中型、重型车辆排放标准限值

单位：g/BHPh

型年	排放类别	NMHC+NO$_x$	NMHC	NO$_x$	CO	HCHO	PM
8 501 lb ≤ GVW ≤ 14 000 lb							
2004	ULEV	2.4 或 2.5 且 NMHC 不超过 0.5①	—	—	14.4	0.05	—
	SULEV	2.0	—	—	7.2	0.025	—
2005—2007	ULEV	1.0	—	—	14.4	0.05	—
	SULEV	0.5	—	—	7.2	0.025	—
2008+	ULEV	—	0.14	0.20	14.4	0.01	0.01
	SULEV	—	0.17	0.10	7.2	0.005	0.005

型年	排放类别	NMHC+NOₓ	NMHC	NOₓ	CO	HCHO	PM
GVW > 14 000 lb							
2004	—	2.4 或 2.5 且 NMHC 不超过 0.5①	—	—	37.1	0.05	—
2005—2007	—	1.0	—	—	37.1	0.05	—
2008—2015	—		0.14	0.20	14.4	0.01	0.01
2015+	可选		0.14		14.4	0.01	0.01

注：①制造商需要证明符合 40 FCR 86.005-10(f) 中规定的方案 1 或方案 2 的联邦 NMHC+NOₓ 限值要求。然而，对于在用的中重型车适用的发动机，甲醇排放必须满足上述标准限值要求。

2020 年 8 月，CARB 提出了重型柴油车和奥托循环发动机的 NOₓ 排放标准，适用于 GVWR > 10 000 lb 的车辆，见表 3-9 至表 3-12。

表 3-9　2024—2026 型年的 CARB 推荐 NOₓ 限值

型年	MDDE/LHDDE/MHDDE/HHDDE				MODE/HDOE
	FTP/（g/BHPh）	RMC-SET/（g/BHPh）	LLC/（g/BHPh）	Idling/（g/h）	FTP/（g/BHPh）
当前	0.2	0.2		30	0.2
2024—2026	0.05（0.10）	0.05（0.1）	0.2（0.30）	10	0.05（0.10）

注：括号中的 NOₓ 限值是可选的 50 个州的发动机排放限值。
轻重型柴油发动机：14 000 lb ≤ LHDDE ≤ 19 500 lb。
中重型柴油发动机：19 500 lb ≤ MHDDE ≤ 33 000 lb。
重重型柴油发动机：HHDDE > 33 000 lb。

表 3-10　2027 年及以后的发动机 NOₓ 限值（1）

测试程序	MDDE/LHDDE/MHDDE	MDOE/HDOE
	有效寿命排放	有效寿命排放
FTP 循环 /（g/BHPh）	0.02	0.02
RMC-SET/（g/BHPh）	0.02	—
LLC/（g/BHPh）	0.05	—
怠速 /（g/h）	5	—

表 3-11　2027 年及以后的发动机 NOₓ 限值（2）

测试程序	HHDDE			
	2027—2030 型年		2031 型年及以后	
	435 000 mile	有效寿命后排放	435 000 mile	有效寿命后排放
FTP 循环 /（g/BHPh）	0.020	0.035	0.020	0.040
RMC-SET/（g/BHPh）	0.020	0.035	0.020	0.040
LLC/（g/BHPh）	0.050	0.090	0.050	0.100
怠速 /（g/h）	5	5	5	5

注：1 mile≈1.61 km。

表 3-12 燃油蒸发限值

单位：g/test

3 d+ 热浸	运行损失	2 d+ 热浸
1.00	0.05	1.25
CARB 从 2004 型年开始，> 8 500 lb		

注：分步实施计划，2004 型年为 40%，2005 型年为 80%，2006 型年为 100%。

3.1.3 试验方法

3.1.3.1 瞬态测试循环

（1）FTP 循环

目前，美国使用的瞬态测试循环工况如图 3-1 所示，该工况中高速大负荷的比例较大，说明美国高速公路运输占主导地位。测试中的污染物取样采用全流式的稀释取样系统。在测试中要运行两遍，即一遍冷启动循环，一遍热启动循环，加权系数为 1：7（冷启动：热启动），两次试验的测试结果加权后经过劣化系数（或劣化修正值）的校正应满足排放限值要求。

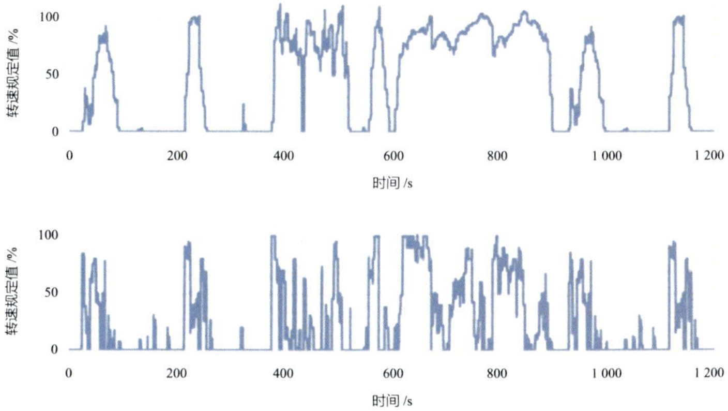

图 3-1　美国重型柴油机瞬态测试循环工况

（2）加利福尼亚州 LLC 循环

加利福尼亚州已经明确表示，现有的测试循环不能准确地反映当今更多拥堵和更频繁的低负载操作的交通状况。因此，该州从 2024 型年开始引入了一个新的低负荷认证循环，即 LLC 循环，用来证明发动机和后处理在低负荷期间的排放控制功能是正常的。

加利福尼亚州对于中重型和重重型车发动机的低负荷循环要求如图 3-2 所示。

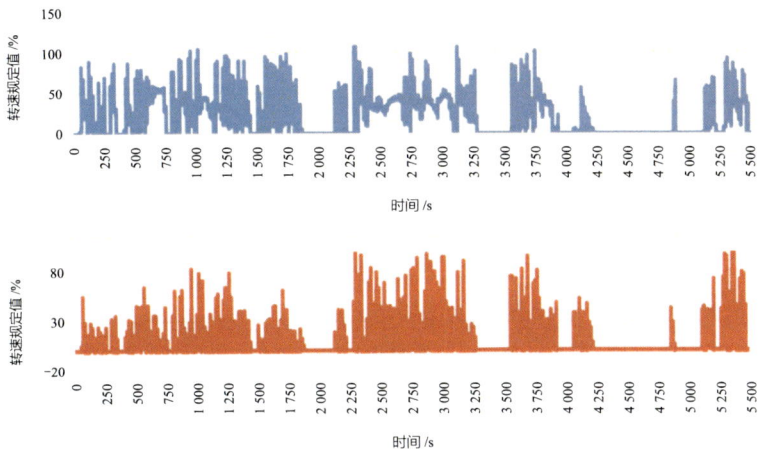

图 3-2　LLC 循环工况

3.1.3.2　稳态测试循环

（1）ESC 循环

在瞬态测试的基础上，从 2007 年开始美国新增了附加的稳态工况测量要求，该工况与欧洲 ESC 工况一致，ESC 工况详情如图 1-2 所示。

（2）SET 循环

SET 循环是基于欧洲的 ESC 循环设计的补充稳态测试，即带过渡工况的稳态循环，它包含 13 个固定工况和 3 个随机工况，见表 3-13。

表 3-13　SET 循环工况

RMC 工况	工况时长 /s	发动机转速	扭矩 /%
1a 稳态工况	170	热怠速	0
1b 过渡工况	20	线性过渡	线性过渡
2a 稳态工况	170	A	100
2b 过渡工况	20	A	线性过渡
3a 稳态工况	102	A	25
3b 过渡工况	20	A	线性过渡
4a 稳态工况	100	A	75
4b 过渡工况	20	A	线性过渡
5a 稳态工况	103	A	50

RMC 工况	工况时长 /s	发动机转速	扭矩 /%
5b 过渡工况	20	线性过渡	线性过渡
6a 稳态工况	194	B	100
6b 过渡工况	20	B	线性过渡
7a 稳态工况	219	B	25
7b 过渡工况	20	B	线性过渡
8a 稳态工况	220	B	75
8b 过渡工况	20	B	线性过渡
9a 稳态工况	219	B	50
9b 过渡工况	20	线性过渡	线性过渡
10a 稳态工况	171	C	100
10b 过渡工况	20	C	线性过渡
11a 稳态工况	102	C	25
11b 过渡工况	20	C	线性过渡
12a 稳态工况	100	C	75
12b 过渡工况	20	C	线性过渡
13a 稳态工况	102	C	50
13b 过渡工况	20	线性过渡	线性过渡
14a 稳态工况	168	热怠速	0

3.1.3.3　非标准循环

（1）WNTE 试验

WNTE 控制区域如图 3-3 所示。其中，发动机转速范围是 $n_{30} \sim n_{hi}$ 的区域。n_{30} 是 WHTC 循环包括怠速在内的所有转速频率累积的 30% 所对应的发动机转速，n_{hi} 为 70% 最大净功率时对应的最高发动机转速。WNTE 控制区域包括扭矩大于等于发动机发出的最大扭矩值 30% 的所有发动机负荷点。

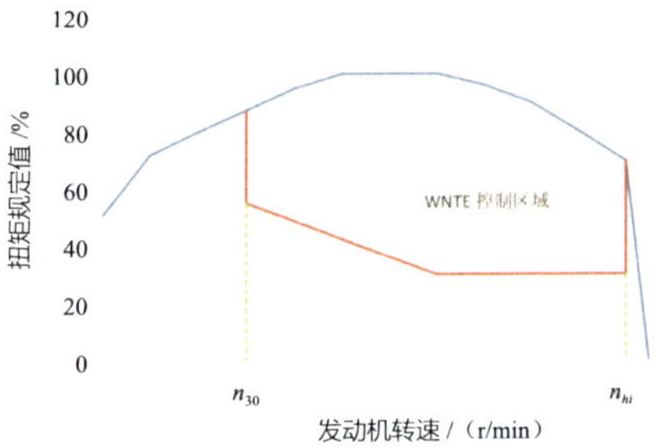

图 3-3　WNTE 控制区

（2）BIN 窗口法

2024 型年及以后一种新的名为 BIN（移动平均窗口法）的测试方法将代替基于 NTE 循环的测试方法。BIN 的 3 个窗口分别为怠速 BIN、低负荷 BIN 和中高负荷 BIN（EPA 2027 将 BIN 窗口划分为怠速 BIN 和非怠速 BIN 2 种）。BIN 窗口法是将每个 BIN 的平均 NO_x 排放值与限值进行比较。限值定义为发动机型年排放限值的 1.5 倍。

（3）PEMS

EPA 于 2007 年率先引入了重型车污染物车载测量方法（PEMS），用于测量发动机装到车上后在实际道路运行中的污染物排放量，其测量结果须满足 NTE 排放限值要求。该项要求适用于 2007 型年及其以后的发动机型，NTE 限值是 2007 年限值的 1.5 倍。对于气态污染物（重点是 NO_x）排放的车载测试从 2007 年正式开始。由于重型车尾气 PM 排放车载测量的难度大、技术要求高，对于 PM 的测试要求直到 2011 年才最终确定。

3.1.4　耐久性及质保期要求

3.1.4.1　EPA

　　EPA 自 1985 年开始对有效寿命作出要求，1989 年起对质保期提出要求，见表 3-14。

表 3-14　EPA 压燃式重型车和城市公交耐久性及质保期要求

年份	有效寿命 /［h/（a·mile）］	质保期 /（a/mile）
1985	LHDDE：—/8/110 000 MHDDE：—/8/185 000 HHDDE：—/8/290 000	—
1989	1990 年以后针对 HC、CO、PM： LHDDE：—/8/110 000	5/100 000
1991	MHDDE：—/8/185 000 HHDDE：—/8/290 000	5/100 000
1994	1994 年以后的城市公交仅适用于 PM： LHDDE：—/10/110 000	5/100 000
1998	MHDDE：—/10/185 000 HHDDE：—/10/290 000	5/100 000

年份	有效寿命 / [h/（a·mile）]	质保期 /（a/mile）
2004	LHDDE：—/10/110 000 MHDDE：—/10/185 000	LHDDE：5/50 000
2007	HHDDE：22 000/10/435 000	MHDDE：5/100 000

3.1.4.2 CARB

CARB 建议的质保期见表 3-15。

表 3-15 CARB 建议的质保期

型年	质保期（以先到为准）			
	LHDDE	MHDDE	HHDDE	HDOE
2022—2026	110 000 5 a	155 000 5 a	350 000 5 a	50 000 5 a
2027—2030	150 000 7 a 7 000 h	220 000 7 a 11 000 h	450 000 7 a 22 000 h	110 000 7 a 6 000 h
2031 及之后	210 000 10 a 10 000 h	280 000 10 a 14 000 h	600 000 10 a 30 000 h	160 000 10 a 8 000 h

CARB 当前和计划的有效寿命见表 3-16。

表 3-16 CARB 当前和计划的有效寿命

型年	有效寿命周期 /mile			
	LHDDE	MHDDE	HHDDE	HDOE
当前—2026	110 000 10 a	185 000 10 a	435 000 10 a 22 000 h	11 000 10 a
2027—2030	190 000 12 a	270 000 11 a	600 000 11 a 30 000 h	155 000 12 a
2031 及以后	270 000 15 a	350 000 12 a	800 000 12 a 40 000 h	200 000 15 a

3.1.5 OBD

3.1.5.1 美国重型车 OBD 发展历程

美国 OBD 系统发展历程见表 3-17。

表 3-17　美国 OBD 系统发展历程

实施时间	监管要求
2005 年	GWVR ＜ 14 000 lb（6 350 kg）的重型车：强制安装 OBD 系统
2007 年	GWVR ＞ 14 000 lb 的重型车： • 发动机企业诊断（EMD）：MIL 灯，无故障码定义及 OBD 阈值； • 基础的诊断功能：无扫描诊断工具诊断接口要求； • 系统和部件检测：EGR、燃油系统、颗粒捕集器
2010—2012 年	GWVR ＞ 14 000 lb 的重型车： • 在柴油机 OBD 系族中销量最高的发动机型号满足 OBD 监测 OTLs 要求，系族中其他发动机需要准备 OBD 文档； • 无诊断工具接口要求； • 其他发动机仍采用发动机企业诊断（EMD）
2013—2015 年	GWVR ＞ 14 000 lb 的重型车： • 更严格的 OTL 限值； • 增加诊断工具接口要求； • 强制高里程车辆 OBD 功能合规性评估
2019 年	GWVR ＞ 14 000 lb 的重型车：对于可变燃料发动机增加 OBD 要求

3.1.5.2　OBD 限值

柴油 / 压燃式发动机的 OBD 排放阈值（GWVR ＞ 14 000 lb）见表 3-18 和表 3-19。

表 3-18　2010—2012 型年柴油 / 压燃式发动机的 OBD 排放阈值（GVWR > 14 000 lb）

单位：g/BHPh

检测项	NMHC	CO	NOₓ	PM
NOₓ 后处理系统	—		+0.6②	—
颗粒捕集器系统	2.5×①			0.05/+0.04③
后处理上游空燃比传感器	2.5×①	2.5×①	+0.3②	0.03/+0.02③
后处理下游空燃比传感器	2.5×①		+0.3②	0.05/+0.04③
NOₓ 传感器	—		+ 0.6②	0.05/+0.04③
进行排放监测的其他传感器	2.5×①	2.5×①	+0.3②	0.03/+0.02③

注：① 2.5× 是指适用排放标准限值的 2.5 倍；

② + 0.6（+0.3）表示标准值或 FEL 限值加上 0.6（0.3）；

③ 0.05（0.03）/+0.04（+0.02）表示绝对水平 0.05（0.03）或标准限值或 FEL 限值水平加上 0.04（0.02），以较高者为准。

表 3-19　2013 型年之后柴油 / 压燃式发动机的 OBD 排放阈值（GVWR > 14 000 lb）

单位：g/BHPh

检测项	NMHC	CO	NOₓ	PM
NOₓ 后处理系统	—		+0.3②	—
颗粒捕集器系统	2×①			0.05/+0.04③
后处理上游空燃比传感器	2×①	2×①	+0.3②	0.03/+0.02③

检测项	NMHC	CO	NO$_x$	PM
后处理下游空燃比传感器	2×[1]	—	+0.3[2]	0.05/+0.04[3]
NO$_x$ 传感器	—	—	+0.3[2]	0.05/+0.04[3]
进行排放监测的其他传感器	2[1]	2×[1]	+0.3[2]	0.03/+0.02[3]

注：①2× 是指适用排放标准限值的 2 倍；

②+0.3 表示标准限值或 FEL 限值加 0.3；

③0.05（0.03）/+0.04（+0.02）表示绝对水平 0.05（0.03）或标准限值或 FEL 限值水平加上 0.04（0.02），以较高者为准。

EPA 2027 OTL 限值如表 3-20 所示。

表 3-20　EPA 2027 OTL 限值

点燃式发动机（FTP/SET） NO$_x$ OTL-0.35 g/BHPh（催化转化器诊断） NO$_x$ OTL-0.30 g/BHPh（催化转化器诊断以外的其他诊断） PM OTL-0.015 g/BHPh
压燃式发动机（FTP/SET） NO$_x$ OTL-0.40 g/BHPh PM OTL-0.03 g/BHPh

压燃式发动机 NO_x OTL-0.20 g/BHPh HC OTL-0.14 g/BHPh
PM OTL-0.01 g/BHPh CO OTL-14.4 g/BHPh（点燃式发动机） CO OTL-15.5 g/BHPh（压燃式发动机）
HC OTL-0.14 g/BHPh CO OTL-14.4 g/BHPh（点燃式发动机） CO OTL-15.5 g/BHPh（压燃式发动机）

3.1.5.3 OBD **监测要求**

（1）监测要求

根据 HDDTC 或 HDGTC 程序确定恶化和故障是否超过定义的限值，检测到后将通知驾驶员（MIL）。依据 ISO 标准，实现排放相关故障代码、数据传输、诊断工具和连接器的标准化。

监控区域：催化剂和颗粒陷阱、发动机失火、氧传感器、蒸发泄漏、其他排放控制系统（EGR）、其他与排放相关的发动机部件。

（2）CARB OBD 系统要求

表 3-21 提出的要求适用于 2013 年及之后年款的柴油车。

表 3-21　CARB 重型车用发动机 OBD 系统监控要求

监控区域	故障情况
燃料系统： • 压力控制 • 喷油量 • 喷油正时	a）NMHC、NO_x、CO：2.0 倍标准限值 b）PM：标准限值 +0.02 g/BHPh 注：故障包含单个或所有喷油器等效劣化
反馈控制	a）未能在制造商规定的时间内开始控制 b）故障或劣化导致开环或默认操作 c）控制最大化，权限已达到且无法达到控制目标
失火： • 怠速监控（无燃烧传感器系统） • 持续监控发动机所有输出扭矩、转速、负载（有燃烧传感器系统）	失火等级检测： • 2013　2015 型年为 5%，2016 型年为 20%，2017 型年为 0%，2018 以后型年为 100%； • 应对所有车辆进行低级别失火检测（必须检测到 5% 的失火）； • 不属于上述无燃烧传感器的车辆为一个或多缸连续失火。 监测条件： • （以下内容逐步实施）监测区域限值在峰值扭矩的 20% ～ 75% 和 75% 的最高发动机转速。 • 2019 型年为 20%，2020 型年为 50%，2021 型年为 100%。 所有转速下发动机输出扭矩都应进行监测，但以下除外： • 开始输出扭矩至 50% 最大发动机转速； • 100% 发动机最高转速和 +10% 扭矩

监控区域	故障情况
废气再循环（EGR）： • 低流量 • 高流量（包括 EGR 旁通阀泄漏） • 响应缓慢（包括增加或减少的方向） • EGR 冷却器性能（监控多个冷却器需主管部门审批）	a）NMHC、NO_x、CO：2 倍标准限值 b）PM：标准限值 +0.02 g/BHPh
反馈控制	a）未能在制造商规定的时间内开始控制 b）故障或恶化会导致开环或默认操作 c）控制最大化，权限已达到且无法达到控制目标 注：如果可检测到所有等效的故障模式，可以通过监测 EGR 输入参数而非系统来满足 a）和 b）
EGR 催化剂性能	没有可检测到成分的氧化剂（如果在最恶劣的驾驶条件下没有排放影响，则不需要监测）
增压压力控制系统： 增压不足 / 超增压 • 增压系统慢响应 • 增压空气过冷（监测多个冷却器需要主管部门批准）	a）NMHC、NO_x、CO：2 倍标准限值 b）PM：标准限值 +0.02 g/BHPh

3　美国标准

监控区域	故障情况
反馈控制	a）未能在制造商规定的时间内开始控制 b）故障或恶化导致开环或默认操作 c）控制最大化，权限已达到且无法达到控制目标 注：如果可检测到，则可通过监测增压压力输入参数而不是系统来满足 a）和 b）
NMHC 催化转化剂： 排气下游或 PM 过滤器再生 催化转化效率	a）NMHC：2 倍标准限值 b）NO_x：标准限值 +0.2 g/BHPh 放热（辅助再生）
其他后处理： 辅助功能	a）催化剂不能产生足够的热量来进行再生 b）原料气一致性（SCR 辅助策略） c）催化剂不能产生足够的原料气来保证 SCR 正常运行，如果在一个试验周期中排放增加不超过 15% 且不超过标准限值，则无须监控 d）在 PM 过滤器再生时下游的 NMHC 转化 e）无法检测到 NMHC 转化量 f）SCR 下游转化器 g）未监测到 NMHC、CO_2、NO_x、PM 转化效率
NO_x 催化转化器： 转化效率	2013—2015 年款车型（以下内容分步实施）： NO_x 为限值 +0.4 g/BHPh，NMHC 为限值的 2 倍 分步实施合规要求（2014 年款为 20%；2015 年款为 50%） NO_x 为标准 +0.3 g/BHPh，NMHC 为限值的 2 倍 • 2016 年款为 NO_x 标准 +0.2 g/BHPh，NMHC 为限值的 2 倍 注：仅限 2014 年或 2015 年认证的 2016 年款批量认证车型

监控区域	故障情况
选择性催化转化器（SCR）	除发动机燃料外的还原剂：
	• 还原剂不足，无法正常工作
	• 储罐中还原剂不当
	• 2013—2015 年款（以下内容分步实施）：NO_x 为限值 +0.4 g/BHPh，NMHC 为限值的 2 倍
	分步实施合规（2014 年款为 20%；2015 年款为 50%）：NO_x 为标准 +0.3 g/BHPh，NMHC 为限值的 2 倍
	• 2016 型年为 NO_x 标准 +0.2 g/BHPh，NMHC 为限值的 2 倍
	注：仅 2014 年或 2015 年认证的 2016 年款批量认证车型允许转结
反馈控制	a）未能在制造商规定的时间内开始控制
	b）故障或劣化导致开环或默认操作
	c）控制最大化，权限已达到且无法达到控制目标
	注：如果可检测到所有等效失效的故障模式，则可以通过监测 NO_x 输入参数而非系统来满足 a）和 b）
NO_x 吸附器能力	2013—2015 年款（以下内容分步实施）：
	NO_x 为限值 +0.2 g/BHPh，NMHC 为限值的 2 倍
主动 / 被动喷射	无法实现 NO_x 吸附剂的解吸附
反馈控制	a）未能在制造商规定的时间内开始控制
	b）故障或劣化导致开环或默认操作
	c）控制最大化，权限已达到且无法达到控制目标
	注：如果可检测到所有等效失效的故障模式，则可以通过监测 NO_x 输入参数而非系统来满足 a）和 b）

监控区域	故障情况
PM 过滤器 过滤性能 选项 1： 选项 2：	• 2013—2015 年款（以下内容分步实施）：PM 为 0.05 或标准限值 +0.04 g/BHPh，并保持对某些故障模式的豁免 • 2014—2016 年款：制造商可在 "分步实施" 的 2 项中选择 • 2014—2015 年款：20% 车辆需满足 PM 为 0.05 或标准限值 + 0.04 g/BHPh（取较大值），无故障模式缓解，其他要求与 2013 年款相同 • 2016 年款：20% 可以结转，而其余车辆的 PM 必须满足 0.03 或标准值 + 0.02 g/BHPh（取较大值），无故障模式缓解 • 2017+MY：100% 车辆需满足 0.03 或标准限值 + 0.02 g/BHPh（取较大值），无故障模式缓解 • 2014—2015 年款：至少 50% 车辆的 PM 需满足 0.03 或标准值 + 0.02 g/BHPh（取较大值），无故障模式缓解 • 2014—2016 年款：100% 车辆的 PM 需满足 0.03 或标准限值 + 0.02 g/BHPh（取较大值），无故障模式缓解
频繁再生	a）NMHC：2 倍标准限值 b）NO_x：标准限值 +0.2 g/BHPh
不完全再生	在制造商规定的条件下，再生设计不当
NMHC 转化	NMHC：2 倍标准限值，如果排放增加不超过 15% 且满足标准限值，则无须监测
载体移除	a）PM 过滤器载体完全损坏、拆卸或缺失 b）PM 过滤器组件更换为消音器或直管
主动 / 被动喷射	燃油喷射难以达到再生效果，无法实现再生

监控区域	故障情况
反馈控制	a）未能在制造商规定的时间内开始控制 b）故障或劣化导致开环或默认操作 c）控制最大化，权限已达到且无法达到控制目标 注：如果可检测到所有等效失效的故障模式，则可以通过监测 PM 输入参数而非系统来满足 a）和 b）
原料气（SCR 辅助策略）	• 2016 及以后型年：PM 过滤器 无法产生足够的原料气以保证 SCR 正常运行，如果排放增加不超过 15% 且满足标准限值，则不需要监测
排气传感器 所有传感器	a）电路开路 b）超出正常范围
排气上游传感器	• 传感器性能：NMHC、CO、NO$_x$ 为 2 倍标准限值，PM 为标准限值 +0.02 g/BHPh • 反馈：故障或劣化导致排放控制系统停止使用该传感器作为输入（默认或开环） • 监测能力：任何特征不再足以作为其他监测策略的输入
排气下游传感器	传感器性能：NMHC 为 2 倍标准限值，NO$_x$ 为标准限值 +0.2 g/BHPh，PM 为标准限值 +0.03 g/BHPh（FTP/SET）或标准限值 +0.02 g/BHPh（取较大值） • 反馈：故障或劣化导致排放控制系统停止使用该传感器作为输入（默认或开环） • 监测能力：任何特征不再足以作为其他监测策略的输入
NO$_x$/PM 传感器性能	• 2013—2015 年款（以下内容分步实施）：NO$_x$ 为标准限值 +0.4 g/BHPh，PM 为 0.03 g/BHPh 或标准限值 +0.02 g/BHPh（取较大值）。 • 分步合规要求（2014 型年为 20%、2015 型年为 50%）：NO$_x$ 为标准限值 +0.3 g/BHPh，PM 为 0.03 g/BHPh 或标准限值 +0.02 g/BHPh（取较大值）

监控区域	故障情况
NO$_x$/PM 传感器性能	• 2016 及以后年款：100% 满足 NO$_x$ 为标准限值 +0.2 g/BHPh，NMHC 为 2 倍标准限值，PM 为 0.03 g/BHPh 或标准限值 +0.02 g/BHPh（取较大值） • 反馈：故障或劣化导致排放控制系统停止使用该传感器作为输入（默认或开环） • 监测能力：任何特征不再足以作为其他监测策略的输入
其他排气传感器	制造商应提交计划并获得主管部门批准
排气传感器加热	a）电流或电压降不在传感器制造商规定的范围内正常运行 b）加热器控制目标和实际状态之间冲突的故障
可变气门正时： • 目标误差（曲轴角度或输出公差） • 响应慢	a）NMHC、CO、NO$_x$ 为 2 倍标准限值 b）PM：标准限值 +0.02 g/BHPh
冷启动排放控制策略	a）任何单一命令不能正确响应： • 通过一个稳定的可测量的数量 • 在控制方向上 • 在没有激活冷启动策略的情况下，强于其他命令的数量 b）劣化： • NMHC、NO$_x$、CO 为 2 倍标准限值 • PM 为标准限值 +0.02 g/BHPh c）冷启动系统功能未达到预期效果（如适用） • 各零件 / 组件（当期望的效果方法不可行时） 注：故障代码必须隔离与冷启动相关的故障

3.1.6 基准燃料

重型车用柴油机燃料标准见表 3-22。

表 3-22 重型车用柴油机燃料标准

项目	超低硫燃料	低硫燃料	高硫燃料	测试方法
十六烷值	40～50	40～50	40～50	ASTM D613
初馏点 /℃	171～204	171～204	171～204	ASTM D86
馏程 10% 回收温度 /℃	204～238	204～238	204～238	ASTM D86
馏程 50% 回收温度 /℃	243～282	243～282	243～282	ASTM D86
馏程 90% 回收温度 /℃	293～332	293～332	293～332	ASTM D86
终馏点 /℃	321～366	321～366	321～366	ASTM D86
密度 /°API	32～37	32～37	32～37	ASTM D4052
硫含量 / (mg/kg)	7～15	300～500	800～2 500	40 FCR 80.580
最小芳香烃 / (g/kg)	100 以上	100 以上	100 以上	ASTM D5186
闪点（最小值）/℃	54 以上	54 以上	54 以上	ASTM D93
运动粘度 / (mm²/s)	2.0～3.2	2.0～3.2	2.0～3.2	ASTM D445

注： 硫含量不超过 2 ppm（质量分数，下同）的燃料适用于 1 级～3 级发动机的认证测试；
从 2011 年开始，所有的 4 级发动机都使用硫含量 7～15 ppm 进行试验；
2006—2016 年，燃油的硫含量从 2 000 ppm 降至 7～15 ppm（对比认证燃油燃料）。

乙醇汽油燃料标准见表 3-23。

表 3-23 乙醇汽油燃料标准

参数	规格			测试方法
	一般试验	低温试验	高原试验	
抗爆指数（R+M）/2	97.0 ～ 88.4		最小 87.0	ASTM D2699、ASTM D2700
灵敏度（R ～ M）	最小 7.5			ASTM D2699、ASTM D2700
干蒸汽压力当量（DVPE）/kPa	60.0 ～ 63.4	77.2 ～ 81.4	52.4 ～ 55.2	ASTM D5191
10% 馏程温度 /℃	49 ～ 60	43 ～ 54	49 ～ 60	ASTM D86
50% 馏程温度 /℃	88 ～ 99			—
90% 馏程温度 /℃	157 ～ 168			—
终馏温度 /℃	193 ～ 216			—
残渣 /mL	最大 2.0			—
总芳香烃 /%（体积分数）	21.0 ～ 25.0			ASTM D5769
C_6 芳香烃（苯）/%（体积分数）	0.5 ～ 0.7			—
C_7 芳香烃（甲苯）/%（体积分数）	5.2 ～ 6.4			—
C_8 芳香烃 /%（体积分数）	5.2 ～ 6.4			—

参数	规格			测试方法
	一般试验	低温试验	高原试验	
C$_9$ 芳香烃 /%（体积分数）	5.2 ～ 6.4			—
C$_{10}$+ 芳香烃 /%（体积分数）	4.4 ～ 5.6			—
烯烃 /%（质量分数）	4.0 ～ 10.0			ASTM D6550
混合乙醇 /%（体积分数）	9.6 ～ 10.0			—
确认乙醇 /%（体积分数）	9.4 ～ 10.2			ASTM D4815、ASTM D5599
除乙醇外的加氧物质总含量 /%（体积分数）	最大 0.1			ASTM D4815、ASTM D5599
硫含量 /（mg/kg）	8.0 ～ 11.0			ASTM D2622、ASTM D5453、ASTM D7039
铅含量 /（g/L）	最大 0.002 6			ASTM D3237
磷含量 /（g/L）	最大 0.001 3			ASTM D3231
铜腐蚀	最大 No.1			ASTM D130
燃油清洁剂含量 /（mg/100 mL）	最小 3.0			ASTM D381
氧化稳定性 /min	最小 1 000			ASTM D525

重型道路车辆和非道路移动机械用汽油（E0）和天然气标准见表 3-24。

表 3-24　重型道路车辆和非道路移动机械用汽油（E0）和天然气标准

参数	规格		测试方法
	一般试验	低温试验	
初馏温度 /℃	24 ~ 35	24 ~ 36	ASTM D86
馏程 10% 温度 /℃	49 ~ 57	37 ~ 48	—
馏程 50% 温度 /℃	93 ~ 110	82 ~ 101	—
馏程 90% 温度 /℃	149 ~ 163	158 ~ 174	—
终馏温度 /℃	≤ 213	≤ 212	—
烯烃含量 /%（体积分数）	≤ 10	≤ 17.5	ASTM D1319
芳香烃含量 /%（体积分数）	≤ 35	≤ 30.4	—
饱和烃 /%（体积分数）	残留	残留	—
LEAD/（g/L）	≤ 0.013	≤ 0.013	ASTM D3237
磷 /（g/L）	≤ 0.001 3	≤ 0.005	ASTM D3231
总硫含量 /（mg/kg）	≤ 80	≤ 80	ASTM D2622
干蒸汽压当量 /kPa	60.0 ~ 63.4	77.2 ~ 81.4	ASTM D5191

天然气燃料规范见表 3-25。

表 3-25　天然气燃料规范

单位：mol/mol

参数	规格	
	最小值	最大值
甲烷	0.87	—
乙烷	—	0.055
丙烷	—	0.012
丁烷	—	0.003 5
戊烷	—	0.001 3
C_6 及以上烷烃	—	0.001
氧含量	—	0.001
惰性气体（CO_2+N_2）	—	0.051

3.1.7　下一阶段法规要求

3.1.7.1　加严限值

压燃式发动机限值见表 3-26。

表 3-26 压燃式发动机限值

测试循环	NOₓ/（mg/BHPh）	HC/（mg/BHPh）	PM/（mg/BHPh）	CO/（g/BHPh）
SET、FTP	35	60	5	6.0
LLC	50	140	5	6.0

点燃式发动机限值见表 3-27。

表 3-27 点燃式发动机限值

测试循环	NOₓ/（mg/BHPh）	HC/（mg/BHPh）	PM/（mg/BHPh）	CO/（g/BHPh）
SET	35	60	5	14.4
FTP	35	60	5	6.0

3.1.7.2 试验循环

EPA 2027 沿用了 EPA 2007 标准中的台架测试循环，包括 SET 稳态循环和 FTP 瞬态循环，同时增加了 LLC 循环和清洁怠速（Clean Idle）要求。

（1）LLC

LLC 循环如图 3-2 所示。

为了更全面地考察车辆在实际运行过程中不同工况下的排放特性，EPA 2027 没有沿用现行标准中的 NTE 非循环测试，而是参考了加利福尼亚州超低排放标准中的 3 BIN-MAW 测试方法，提出了 2 BIN-MAW 测试要求。2 BIN-MAW 测试是一种针对压燃式重型车使用 PEMS 设备进行的整车排放测试方法，适用于 2027 型年及以后的发动机认证和在用车测试（In-use Testing）。其主要思路是，将车辆行驶过程按照移动平均窗口（300 s）进行划分，并根据移动平均窗口内的 CO_2 排放占比（归一化 CO_2 排放百分比）将车辆行驶过程中各个窗口划分到不同的等级（BIN）中。EPA 2027 以归一化的 CO_2 排放占比 6% 为界，将车辆驾驶过程分为 2 个 BIN：BIN 1 为怠速 BIN，CO_2 排放占比不大于 6%，主要覆盖发动机怠速工况和 LLC 循环中部分低速工况；BIN 2 为非怠速 BIN，CO_2 排放占比大于 6%，主要覆盖 LLC 部分工况、FTP 工况和大部分 SET 工况。根据落入不同 BIN 中的窗口，分别计算怠速 BIN 和非怠速 BIN 的排放。

（3）清洁怠速测试

EPA 2027 参考加利福尼亚州排放标准中关于发动机清洁怠速的内容，增加了针对压燃式发动机怠速排放的测量方法和限值要求。怠速测试在标准中并不是强制要求，制造商可以作为选项，对发动机进行怠速测试排放认证。

清洁怠速测试包括 2 个独立的测试模式。模式 1 将发动机转速设定在制造商推荐的热怠速下运行，测功机扭矩设定值与车辆在实际热怠速状态下的扭矩保持一致。模式 2 将发动机在 1 100 r/min 下运行，测功机扭矩考虑到以下所有的载荷之和：①发动机维持在怠速 1 100 r/min 的扭矩需求；②驾驶员在怠速运行中开启的相关电器和附件的做功量，等效设定为 2 kW。

EPA 2027 指出，模式 1 和模式 2 的测功机扭矩设定基于附件的负载，包括发动机冷却风扇、交流发电机、冷却液泵、空气压缩机、发动机机油燃油泵，以及在特定测试条件下运行的任何其他发动机附件。此外模式 2 还包括满负荷运行的空调压缩机的负载。

测试流程包含 4 个步骤：①暖机过程，发动机运行 FTP 或者 SET 循环，或者将发动机工况点设定在最大扭矩转速以上、发动机功率设定在 65% ～ 85% 最大净功率区间内运行，当节温器能够控制发动机冷却液温度或者发动机冷却液温度在 2 min 内的变化量小于平均值的 2%，暖机结束；②暖机结束后，立即进行模式 1 试验；③当发动机达到设定转速和扭矩并运行 10 min 之后开始采集排放数据，数据采集在 1 200 s 之后结束；④在 5 s 内增加发动机转速和扭矩并达到设定点，开始模式 2 测试。采样要求如步骤③。

试验结束后，需要对发动机转速和扭矩进行验证：验证发动机转速是否在目标转速的 ±50 r/min 之内，发动机扭矩是否在最大扭矩的 ±2% 之内。模式 1 和模式 2 的 NO_x 排放平均值分别根据 2 个模式下的总 NO_x 质量排放除以对应的采样时间。

3.1.7.3　有效寿命及质保期

EPA 2027 对发动机有效寿命及排放质保提出了新的要求，见表 3-28。

表 3-28　有效寿命和排放质保要求

分类	单位	有效寿命		排放质保	
		2027 年以前	2027 年及以后	2027 年以前	2027 年及以后
重型重型发动机（压燃）	mile	435 000	650 000	100 000	450 000
	a	10	11	5	10
	h	22 000	32 000	—	22 000
中型重型发动机（压燃）	mile	185 000	350 000	100 000	280 000
	a	10	12	5	10
	h	—	17 000	—	14 000
轻型重型发动机（压燃）	mile	110 000	27 000	50 000	21 000
	a	10	15	5	10
	h	—	13 000	—	10 000
点燃式	mile	110 000	200 000	50 000	16 000
	a	10	15	5	10
	h	—	10 000	—	8 000

3.1.7.4　OBD

EPA 2027 虽然在台架限值上进行了加严，但是对 OTL 限值并不进行加严，即制造商仍可按照当前现行 OBD 标准设定的 OTL 限值（只参考绝对数值而非倍数关系）执行故障诊断。此外，EPA 2027 增加了测试标准的要求，即围绕某一系统或者部件针对某一污染物的监测，如果该系统或者部件任何形式的故障和失效都不会导致系统排放超过测试标准的设定值，则可以不对该系统或者部件进行监测。

EPA 2027 在 "40 CFR 1036.111 SCR inducement" 章节中重新规定了针对 SCR 系统驾驶性能限制的要求，包括根据平均车速对车辆进行分组（低速、中速、高速）及在驾驶性能限制功能激活后根据发动机非怠速运行小时数动态调整车辆最高限速。其中，激活驾驶性能限制的条件包括尿素余量使用时间小于 3 h、尿素质量低于企业声明值、SCR 载体的缺失、相关部件（尿素液位传感器、尿素泵、尿素质量传感器、SCR 线束、NO_x 传感器、尿素喷嘴、尿素罐加热器、尿素温度传感器、后处理控制模块）电路故障。

根据平均车速的车辆分组按照表 3-29 进行划分。

表 3-29　车辆分组设置

车辆分组	平均车速[①]/（mile/h）
低速车辆	＜ 15
中速车辆	15 ～ 25
高速车辆	＞ 25

注：①故障激活前 30 h 内发动机非怠速运行对应的车辆平均车速。

一旦系统监测到相关故障之后，首先会计算发动机在故障激活前 30 h 非怠速运行内的平均车速并对车辆进行分组，当车辆落到某车辆分组后，系统按照表 3-30 的设定，根据发动机非怠速运行小时数逐步调整和限制车辆最高车速，当需要降低车速时，系统会以每 5 min 减少 1 mile/h 的速率对车速进行限制，直到达到目标车速。故障发生的时间越长，车辆能够达到的最高车速越低，直到驾驶员对相关故障进行维修。

表 3-30　车辆限速机制

高速车辆		中速车辆		低速车辆	
发动机非怠速运行小时数 /h	最高车速 /（mile/h）	发动机非怠速运行小时数 /h	最高车速 /（mile/h）	发动机非怠速运行小时数 /h	最高车速 /（mile/h）
0	65	0	55	0	45
6	60	6	50	5	40
12	55	12	45	10	35
60	50	45	40	30	25
86	45	70	35	—	—
119	40	90	25	—	—
144	35	—	—	—	—
164	25	—	—	—	—

3.2　温室气体排放标准

3.2.1　发展历程

美国的《清洁空气法》（*Clean Air Act*，CAA）对重型车的温室气体提出了管控要求，同时美国 NHTSA 发布的《能源独立和安全法案》对重型车燃油效率提出了要求，这两个法律共同对重型车温室气体排放作出要求（表 3-31）。

表 3-31　美国温室气体法规发展阶段

发展阶段	实施日期
Ⅰ阶段	2014—2020 年
Ⅱ阶段	2021—2027 年
Ⅲ阶段	2023 年发布标准草案

3.2.2　适用范围

适用范围见表 3-32。

表 3-32　适用范围

项目	Ⅰ阶段标准	Ⅱ阶段标准
监管对象	发动机＋牵引车／专业车辆	发动机＋牵引车／专业车辆＋挂车

3.2.3 排放限值

3.2.3.1 发动机限值

不同阶段发动机 CO_2 限值 FTP/SET 见表 3-33 和表 3-34。

表 3-33 Ⅰ阶段发动机 CO_2 限值 FTP/SET

单位：g/BHPh

型年	轻型车	中型专业车辆	重型专业车辆	中型牵引车	重型牵引车
2014—2016	600	600	567	502	475
2017—2020	576	576	555	487	460

注：对于Ⅰ阶段的所有点燃式发动机，CO_2 限值为 627 g/BHPh。

表 3-34 Ⅱ阶段发动机 CO_2 限值 FTP/SET

单位：g/BHPh

型年	轻型车	中型专业车辆	重型专业车辆	中型牵引车	重型牵引车
2021—2023	563	545	513	473	447
2024—2026	555	538	506	461	436
2027 及以后	552	535	503	457	432

3.2.3.2　整车限值

不同阶段整车 CO_2 限值见表 3-35 至表 3-39。

表 3-35　I 阶段整车 CO_2 限值

单位：g/（t·mile）

型年	轻型重型车	中型重型车	重型重型车
2014—2016	388	234	226
2017—2020	373	225	222

表 3-36　II 阶段专业车辆整车 CO_2 限值（2021—2023 年）

单位：g（t·mile）

发动机点火方式	车辆种类	多用途限值	城际运输	市区运输
压燃式	轻型重型车	373	311	424
	中型重型车	265	234	296
	重型重型车	261	205	308
点燃式	轻型重型车	407	335	461
	中型重型车	293	261	328

表 3-37　II 阶段专业车辆整车 CO₂ 限值（2024—2026 年）

单位：g/（t·mile）

发动机点火方式	车辆种类	多用途限值	城际运输	市区运输
压燃式	轻型重型车	344	296	385
	中型重型车	246	221	271
	重型重型车	242	194	283
点燃式	轻型重型车	385	324	432
	中型重型车	279	251	310

表 3-38　II 阶段专业车辆整车 CO₂ 限值（2027 年及以后）

单位：g/（t·mile）

发动机点火方式	车辆种类	多用途限值	城际运输	市区运输
压燃式	轻型重型车	330	291	367
	中型重型车	235	218	258
	重型重型车	230	189	269
点燃式	轻型重型车	372	319	413
	中型重型车	268	247	297

表 3-39　Ⅱ阶段定制底盘车辆整车 CO_2 限值

单位：g/（t·mile）

车辆类型	车辆级别	2021—2026 年	2027 年及以后
校车	中型重型车	291	271
房车	中型重型车	228	226
长途客车	重型重型车	210	205
其他巴士[1]	重型重型车	300	286
垃圾车	重型重型车	313	298
混凝土搅拌机	重型重型车	319	316
混合用途车辆[2]	重型重型车	319	316
应急车	重型重型车	324	319

注：①除校车或长途汽车以外的任何巴士。
　　②混合用途车辆是指满足 EPA1037.631(a)(1) 或 (2) 中规定的标准之一的车辆。

按型年划分的 7 级和 8 级牵引车 CO$_2$ 限值见表 3-40。

表 3-40　按型年划分的 7 级和 8 级牵引车 CO$_2$ 限值

单位：g/（t·mile）

车辆子类别	I 阶段		II 阶段		
	2014—2016 年	2017—2020 年	2021—2023 年	2024—2026 年	2027 年及以后
7 级低顶驾驶室	107	104	105.5	99.8	96.2
7 级中顶驾驶室	119	115	113.2	107.1	103.4
7 级低顶驾驶室	124	120	113.5	106.6	100.0
8 级低顶日间驾驶室	81	80	80.5	76.2	73.4
8 级低顶卧铺驾驶室	68	66	72.3	68.0	64.1
8 级中顶日间驾驶室	88	86	85.4	80.9	78.0
8 级中顶卧铺驾驶室	76	73	78.0	73.5	69.6
8 级高顶日间驾驶室	92	89	85.6	80.4	75.7
8 级高顶卧铺驾驶室	75	72	75.7	70.7	64.3
重载牵引车	—	—	52.4	50.2	48.3

全空气动力学货箱货车 CO_2 限值见表 3-41。

表 3-41　全空气动力学货箱货车 CO_2 限值

单位：g/（t·mile）

型年	普货车		冷藏车	
	短货箱	长货箱	短货箱	长货箱
2018—2020	125.4	81.3	129.1	83.0
2021—2023	123.7	78.9	127.5	80.6
2024—2026	120.9	77.2	124.7	78.9
2027 及以后	118.8	75.7	122.7	77.4

部分空气动力学货箱货车 CO_2 限值见表 3-42。

表 3-42　部分空气动力学货箱货车 CO_2 限值

单位：g/（t·mile）

型年	普货车		冷藏车	
	短货箱	长货箱	短货箱	长货箱
2018—2020	125.4	81.3	129.1	83.0
2027 及以后	123.7	80.6	127.5	82.3

3.2.4　计算方法

认证方法和计算方法分别见表 3-43、表 3-44。

表 3-43　认证方法

发动机	牵引车 / 专业车辆	挂车
发动机台架测试 类似于标准污染物认证的测试循环: 专业车辆: FTP 瞬态循环 牵引车: 重新加权的 SET 循环 (13 工况稳态)	GEM 模拟 测试循环分为 3 个部分, 不同加权系数: 55 m/h 巡航 65 m/h 巡航 ARB 瞬态工况	基于 GEM 软件的计算

表 3-44　计算方法

模拟计算	牵引车	牵引车制造商通过仿真计算认证牵引车
	专业车辆	底盘制造商通过仿真计算认证底盘
	挂车	挂车制造商通过模拟计算认证挂车
台架试验	发动机	发动机制造商认证 CO_2、N_2O、CH_4

3.2.5 积分政策与罚则

3.2.5.1 积分的计算

美国高速公路安全管理局（NHTSA）和 EPA 在 ABT（Averaging, Banking and Trading Program，指 EPA 认证中排放信用的平均、储存和交易）程序中根据发动机的种类及适用车型将重型车用发动机划分为 4 个子组，见表 3-45、表 3-46。

表 3-45 不同阶段发动机子组划分

I 阶段	II 阶段	III 阶段
LHD（轻重型发动机）	LHD（轻重型发动机）	LHD（轻重型发动机）
MHD（中重型发动机）	MHD（中重型发动机）	MHD（中重型发动机）
HHD（重重型发动机）	HHD（重重型发动机）	HHD（重重型发动机）
重型汽油机	重型汽油机	重型汽油机

表 3-46 不同阶段车辆子组划分

I 阶段	II 阶段	III 阶段
2b-3 类皮卡和厢货车	2b-3 类皮卡和厢货车	2b-5 类重型车辆
2b-5 类重型车辆	2b-5 类重型车辆	6-7 类重型车辆

Ⅰ阶段	Ⅱ阶段	Ⅲ阶段
6～7 类重型车辆	6～7 类重型车辆	8 类重型车辆
8 类重型车辆	8 类重型车辆	8 类重型车辆
	长挂车	
	短挂车	

"油耗积分"通过试验或者 GEM 仿真认证来计算。"温室气体积分"分为两方面：认证积分和其他积分。某车型的"单车认证 CO_2 积分"指的就是"全使用寿命周期内的超量碳排放"，单位为吨。但是基于不同类型重型车的实际使用场景（运输货物、乘客）及试验认证方式等因素，具体计算积分时需要的参数不同。"其他积分"包括早期积分、先进技术积分、循环外技术积分。

重型专业车辆和牵引车的 CO_2 积分计算方法如下：

$$CO_2 积分 = \text{Std-FEL} \times \text{Payload Tons} \times \text{Volume} \times \text{UL} \times 10^{-6} \qquad (3\text{-}1)$$

重型专业车辆和牵引车的油耗积分计算方法如下：

$$油耗积分 = \text{Std-FEL} \times \text{Payload Tons} \times \text{Volume} \times \text{UL} \times 10^{3} \qquad (3\text{-}2)$$

式中：Std——法规子类别标准排放量或油耗量，g/（t·mile）或 gal/（1 000 t·mile）；

　　　FEL——车辆系族排放或油耗实际值，等于 GEM 的输出量，g/（t·mile）或 gal/（1 000 t·mile）；

　　　Payload Tons——每类车的规定有效载荷，t（7 类牵引车为 12.5 t，8 类牵引车为 19 t，LHD 专用牵引车为 2.85 t，MHD 专用牵引车为 5.6 t）；

　　　Volume——车辆系族的预计或实际产量，辆；

　　　UL——车辆的使用寿命（HHD 为 435 000 mile，MHD 为 185 000 mile，LHD 为 110 000 mile）；

　　　10^{-6}——将 CO_2 的克数转换为 t；

　　　10^3——将 CO_2 的克数转换为 gal。

3.2.5.2　积分的管理

（1）积分使用规则

EPA 和 NHTSA 提供了 ABT 积分的灵活性政策，并可以逐步提供更严格的标准，以更快的速度实现减少燃料消耗和温室气体排放的目标。发动机积分不能与整车积分进行平均和交换。

（2）积分有效期

在之前的 ABT 项目中，EPA 和 NHTSA 允许制造商在一段时间内保留积分时效，对"负积分的弥补期限"和"正积分的使用期限"分别规定为 3 a 和 5 a。也就是说，如果制造商在某一车型年不能达到相应的标准，那么该制造商可以在接下来的 3 a 内通过超额遵守标准获取正积分来弥补其负积分。Ⅰ阶段和Ⅱ阶段标准实施期间，EPA 和 NHTSA 允许发动机、牵引车、重型车皮卡和厢货车，以及专业车辆的制造商在弥补缺口前至多将时效延续至 3 a，但是制造商获得的剩余正积分将在 5 个标准年后到期失效。

（3）积分结转

EPA 和 NHTSA 规定，制造商在 I 阶段产生的积分可以在 II 阶段继续使用，且同样具有 5 a 的使用寿命。换句话说，2019 型年的 I 阶段积分可以用在 2021—2024 型年的 I 阶段或 II 阶段。这样可以创造适当的灵活性，并适当促进向新标准水平的平稳过渡。重型汽油发动机、轻型柴油发动机、职业重型车从 I 阶段转到 II 阶段的积分调整系数为 1.36。

III 阶段标准提案中明确了制造商在 II 阶段获得的积分将被允许结转到 III 阶段，同样具有 5 a 的积分寿命期限，且所有重型发动机和重型车都没有积分调整系数。

3.2.5.3　罚则

NHTSA 和 EPA 都负责监管中重型车和重重型车：NHTSA 根据《能源独立和安全法案法》（*Energy Independence and Securities Act*，EISA）对其进行监管，EPA 根据《清洁空气法》（CAA）对其进行监管。这两个机构还对各自的监管要求负有合规审查和执法责任。NHTSA 和 EPA 确立了 3 个基本标准，以确定排放标准在任何给定车型年中的不合格处罚资格：①相关排放标准必须变得更难满足；②必须进行大量工作才能满足标准；③技术落后者必须发展其技术。技术落后者是指由于技术（而非经济）困难而无法达到特定排放标准的制造商，在没有不合格处罚的情况下可能被迫退出市场。

根据 CAA 的要求，通过规则制定来确定是否满足这些标准，以及确定处罚金额和条件的过程。

（1）EPA 对碳排放违规行为的处罚措施

CAA 授权 EPA 对违反其规定的各种禁止行为的每辆车处以 37 500 美元的罚款（Ⅱ阶段罚款额度不变）。在确定适当的处罚时，EPA 必须考虑各种因素，如违规的严重性、违规的经济影响、违规者的合规记录。

（2）NHTSA 对油耗违规行为的处罚措施

NHTSA 制定执法计划的权限包括确定和评估不符合规定的民事处罚。NHTSA 采用与 EPA 现有重型项目相同的处罚水平，以提供足够的威慑力及与 GHG 法规的一致性。拟议的最高罚款水平为每辆车或每台发动机 37 500 美元（Ⅱ阶段罚款额度不变）。该处罚将基于以下因素进行实施：①违规的严重性；②违规厂家的业务规模；③违反适用燃油消耗标准的历史记录；④与适用标准相关的实际燃油消耗性能；⑤符合法规和适用标准的估计成本；⑥不符合要求的车辆或发动机数量；⑦根据 CAA 第 205 节对相同车辆或发动机的不合规行为支付的民事罚款。

重型车和发动机生产厂家的同一项违规行为可能同时违反 EISA 和 CAA 的相关要求。因此，EPA 和 NHTSA 制定了一份谅解备忘录，详细说明了各机构之间关于执法的磋商和协调。NHTSA 可施加的最终民事处罚金额不会超过 EPA 根据 CAA 授权施加的限制。制造商可能遭受的最大民事处罚将按如下计算：

$$最高民事处罚总额 = CAA 限值 \times 产量 \qquad (4-3)$$

3.2.6　未来发展趋势

2023 年 4 月 12 日，美国发布了重型车温室气体Ⅲ阶段草案，草案对各车型的 CO_2 排放量在Ⅱ阶段的基础上不同程度地持续加严，对零排放车辆技术，如电池耐久性和监测系统、零排放车辆销售比例、企业平均配额等进行了规定。

重型发动机和车辆的温室气体排放Ⅲ阶段标准计划于 2027—2032 年分阶段实施。到 2032 年，建议的标准将使专业车辆的 ZEV 采用率达到 50%，短途卡车达到 35%，长途卡车达到 25%；适用范围将扩大至重型专业车辆（如送货卡车、垃圾运输车或自卸卡车、公共事业卡车、运输车、班车、校车）和通常用于运输货物的卡车。

拟议的Ⅲ阶段法规提案大幅提升了零排放/低排放重型车的占比要求，降低了碳排放限值，将有力促进重型车的电动化转型和节能技术的研发进步，但是也面临诸多挑战，如充电、加氢基础设施缺乏等。

相关法律、法规和
政策文件

4

Emission standards for pollutants and greenhouse gases from
heavy-duty vehicles in China, Europe and America(2024)

4.1　法律

中华人民共和国环境保护法（摘选）

（1989 年 12 月 26 日第七届全国人民代表大会常务委员会第十一次会议通过　2014 年 4 月 24 日第十二届全国人民代表大会常务委员会第八次会议修订）

第一章　总则

第一条　为保护和改善环境，防治污染和其他公害，保障公众健康，推进生态文明建设，促进经济社会可持续发展，制定本法。

第二条　本法所称环境，是指影响人类生存和发展的各种天然的和经过人工改造的自然因素的总体，包括大气、水、海洋、土地、矿藏、森林、草原、湿地、野生生物、自然遗迹、人文遗迹、自然保护区、风景名胜区、城市和乡村等。

第十二条　每年 6 月 5 日为环境日。

第二章　监督管理

第十五条　国务院环境保护主管部门制定国家环境质量标准。

省、自治区、直辖市人民政府对国家环境质量标准中未作规定的项目，可以制定地方环境质量标准；对国家环境质量标准中已作规定的项目，可以制定严于国家环境质量标准的地方环境质量标准。地方环境质量标准应当报国务院环境保护主管部门备案。

国家鼓励开展环境基准研究。

第十六条　国务院环境保护主管部门根据国家环境质量标准和国家经济、技术条件，制定国家污染物排放标准。

省、自治区、直辖市人民政府对国家污染物排放标准中未作规定的项目，可以制定地方污染物排放标准；对国家污染物排放标准中已作规定的项目，可以制定严于国家污染物排放标准的地方污染物排放标准。地方污染物排放标准应当报国务院环境保护主管部门备案。

第三章　保护和改善环境

第二十八条　地方各级人民政府应当根据环境保护目标和治理任务，采取有效措施，改善环境质量。

未达到国家环境质量标准的重点区域、流域的有关地方人民政府，应当制定限期达标规划，并采取措施按期达标。

第四章　防治污染和其他公害

第四十条　国家促进清洁生产和资源循环利用。

国务院有关部门和地方各级人民政府应当采取措施，推广清洁能源的生产和使用。

企业应当优先使用清洁能源，采用资源利用率高、污染物排放量少的工艺、设备以及废弃物综合利用技术和污染物无害化处理技术，减少污染物的产生。

第五章　信息公开和公众参与

第五十三条　公民、法人和其他组织依法享有获取环境信息、参与和监督环境保护的权利。

各级人民政府环境保护主管部门和其他负有环境保护监督管理职责的部门，应当依法公开环境信息、完善公众参与程序，为公民、法人和其他组织参与和监督环境保护提供便利。

第五十四条　国务院环境保护主管部门统一发布国家环境质量、重点污染源监测信息及其他重大环境信息。省级以上人民政府环境保护主管部门定期发布环境状况公报。

县级以上人民政府环境保护主管部门和其他负有环境保护监督管理职责的部门，应当依法公开环境质量、环境监测、突发环境事件以及环境行政许可、行政处罚、排污费的征收和使用情况等信息。

县级以上地方人民政府环境保护主管部门和其他负有环境保护监督管理职责的部门，应当将企业事业单位和其他生产经营者的环境违法信息记入社会诚信档案，及时向社会公布违法者名单。

第六章　法律责任

第六十条　企业事业单位和其他生产经营者超过污染物排放标准或者超过重点污染物排放总量控制指标排放污染物的，县级以上人民政府环境保护主管部门可以责令其采取限制生产、停产整治等措施；情节严重的，报经有批准权的人民政府批准，责令停业、关闭。

第六十九条　违反本法规定，构成犯罪的，依法追究刑事责任。

第七章　附则

第七十条　本法自 2015 年 1 月 1 日起施行。

中华人民共和国大气污染防治法（摘选）

（1987年9月5日第六届全国人民代表大会常务委员会第二十二次会议通过　根据1995年8月29日第八届全国人民代表大会常务委员会第十五次会议《关于修改〈中华人民共和国大气污染防治法〉的决定》第一次修正　2000年4月29日第九届全国人民代表大会常务委员会第十五次会议第一次修订　2015年8月29日第十二届全国人民代表大会常务委员会第十六次会议第二次修订　根据2018年10月26日第十三届全国人民代表大会常务委员会第六次会议《关于修改〈中华人民共和国野生动物保护法〉等十五部法律的决定》第二次修正）

第一章　总则

第一条　为保护和改善环境，防治大气污染，保障公众健康，推进生态文明建设，促进经济社会可持续发展，制定本法。

第二条　防治大气污染，应当以改善大气环境质量为目标，坚持源头治理，规划先行，转变经济发展方式，优化产业结构和布局，调整能源结构。

防治大气污染，应当加强对燃煤、工业、机动车船、扬尘、农业等大气污染的综合防治，推行区域大气污染联合防治，对颗粒物、二氧化硫、氮氧化物、挥发性有机物、氨等大气污染物和温室气体实施协同控制。

第三条　县级以上人民政府应当将大气污染防治工作纳入国民经济和社会发展规划，加大对大气污染防治的财政投入。

　　地方各级人民政府应当对本行政区域的大气环境质量负责，制定规划，采取措施，控制或者逐步削减大气污染物的排放量，使大气环境质量达到规定标准并逐步改善。

　　第四条　国务院生态环境主管部门会同国务院有关部门，按照国务院的规定，对省、自治区、直辖市大气环境质量改善目标、大气污染防治重点任务完成情况进行考核。省、自治区、直辖市人民政府制定考核办法，对本行政区域内地方大气环境质量改善目标、大气污染防治重点任务完成情况实施考核。考核结果应当向社会公开。

　　第五条　县级以上人民政府生态环境主管部门对大气污染防治实施统一监督管理。

　　县级以上人民政府其他有关部门在各自职责范围内对大气污染防治实施监督管理。

　　第六条　国家鼓励和支持大气污染防治科学技术研究，开展对大气污染来源及其变化趋势的分析，推广先进适用的大气污染防治技术和装备，促进科技成果转化，发挥科学技术在大气污染防治中的支撑作用。

第四章　大气污染防治措施

　　第三节　机动车船等污染防治

　　第五十条（第二款）

　　国家采取财政、税收、政府采购等措施推广应用节能环保型和新能源机动车船、非道路移动机械，限制高油耗、高排放机动车船、非道路移动机械的发展，减少化石能源的消耗。

　　第五十一条　机动车船、非道路移动机械不得超过标准排放大气污染物。

　　禁止生产、进口或者销售大气污染物排放超过标准的机动车船、非道路移动机械。

第五十二条　机动车、非道路移动机械生产企业应当对新生产的机动车和非道路移动机械进行排放检验。经检验合格的，方可出厂销售。检验信息应当向社会公开。

　　省级以上人民政府生态环境主管部门可以通过现场检查、抽样检测等方式，加强对新生产、销售机动车和非道路移动机械大气污染物排放状况的监督检查。工业、市场监督管理等有关部门予以配合。

　　第五十六条　生态环境主管部门应当会同交通运输、住房城乡建设、农业行政、水行政等有关部门对非道路移动机械的大气污染物排放状况进行监督检查，排放不合格的，不得使用。

　　第五十八条　国家建立机动车和非道路移动机械环境保护召回制度。

　　生产、进口企业获知机动车、非道路移动机械排放大气污染物超过标准，属于设计、生产缺陷或者不符合规定的环境保护耐久性要求的，应当召回；未召回的，由国务院市场监督管理部门会同国务院生态环境主管部门责令其召回。

　　第五十九条　在用重型柴油车、非道路移动机械未安装污染控制装置或者污染控制装置不符合要求、不能达标排放的，应当加装或者更换符合要求的污染控制装置。

　　第六十条（第二款）

　　国家鼓励和支持高排放机动车船、非道路移动机械提前报废。

　　第六十一条　城市人民政府可以根据大气环境质量状况，划定并公布禁止使用高排放非道路移动机械的区域。

　　第六十五条　禁止生产、进口、销售不符合标准的机动车船、非道路移动机械用燃料；禁止向汽车和

4　相关法律、法规和政策文件

摩托车销售普通柴油以及其他非机动车用燃料；禁止向非道路移动机械、内河和江海直达船舶销售渣油和重油。

第六十六条 发动机油、氮氧化物还原剂、燃料和润滑油添加剂以及其他添加剂的有害物质含量和其他大气环境保护指标，应当符合有关标准的要求，不得损害机动车船污染控制装置效果和耐久性，不得增加新的大气污染物排放。

第七章　法律责任

第一百零三条 违反本法规定，有下列行为之一的，由县级以上地方人民政府市场监督管理部门责令改正，没收原材料、产品和违法所得，并处货值金额一倍以上三倍以下的罚款：

（三）生产、销售不符合标准的机动车船和非道路移动机械用燃料、发动机油、氮氧化物还原剂、燃料和润滑油添加剂以及其他添加剂的；

第一百零四条 违反本法规定，有下列行为之一的，由海关责令改正，没收原材料、产品和违法所得，并处货值金额一倍以上三倍以下的罚款；构成走私的，由海关依法予以处罚：

（三）进口不符合标准的机动车船和非道路移动机械用燃料、发动机油、氮氧化物还原剂、燃料和润滑油添加剂以及其他添加剂的。

第一百零九条 违反本法规定，生产超过污染物排放标准的机动车、非道路移动机械的，由省级以上人民政府生态环境主管部门责令改正，没收违法所得，并处货值金额一倍以上三倍以下的罚款，没收销毁无法达到污染物排放标准的机动车、非道路移动机械；拒不改正的，责令停产整治，并由国务院机动车生产主管部门责令停止生产该车型。

　　违反本法规定，机动车、非道路移动机械生产企业对发动机、污染控制装置弄虚作假、以次充好，冒充排放检验合格产品出厂销售的，由省级以上人民政府生态环境主管部门责令停产整治，没收违法所得，并处货值金额一倍以上三倍以下的罚款，没收销毁无法达到污染物排放标准的机动车、非道路移动机械，并由国务院机动车生产主管部门责令停止生产该车型。

　　第一百一十条　违反本法规定，进口、销售超过污染物排放标准的机动车、非道路移动机械的，由县级以上人民政府市场监督管理部门、海关按照职责没收违法所得，并处货值金额一倍以上三倍以下的罚款，没收销毁无法达到污染物排放标准的机动车、非道路移动机械；进口行为构成走私的，由海关依法予以处罚。

　　违反本法规定，销售的机动车、非道路移动机械不符合污染物排放标准的，销售者应当负责修理、更换、退货；给购买者造成损失的，销售者应当赔偿损失。

　　第一百一十二条　违反本法规定，伪造机动车、非道路移动机械排放检验结果或者出具虚假排放检验报告的，由县级以上人民政府生态环境主管部门没收违法所得，并处十万元以上五十万元以下的罚款；情节严重的，由负责资质认定的部门取消其检验资格。

　　违反本法规定，伪造船舶排放检验结果或者出具虚假排放检验报告的，由海事管理机构依法予以处罚。

　　违反本法规定，以临时更换机动车污染控制装置等弄虚作假的方式通过机动车排放检验或者破坏机动车车载排放诊断系统的，由县级以上人民政府生态环境主管部门责令改正，对机动车所有人处五千元的罚款；对机动车维修单位处每辆机动车五千元的罚款。

第一百一十四条　违反本法规定，使用排放不合格的非道路移动机械，或者在用重型柴油车、非道路移动机械未按照规定加装、更换污染控制装置的，由县级以上人民政府生态环境等主管部门按照职责责令改正，处五千元的罚款。

违反本法规定，在禁止使用高排放非道路移动机械的区域使用高排放非道路移动机械的，由城市人民政府生态环境等主管部门依法予以处罚。

中华人民共和国环境保护税法（摘选）

（2016 年 12 月 25 日第十二届全国人民代表大会常务委员会第二十五次会议通过　根据 2018 年 10 月 26 日第十三届全国人民代表大会常务委员会第六次会议《关于修改〈中华人民共和国野生动物保护法〉等十五部法律的决定》修正）

第三章　税收减免

第十二条　下列情形，暂予免征环境保护税：

（二）机动车、铁路机车、非道路移动机械、船舶和航空器等流动污染源排放应税污染物的；

中华人民共和国节约能源法（摘选）

（1997 年 11 月 1 日第八届全国人民代表大会常务委员会第二十八次会议通过　2007 年 10 月 28 日第十

届全国人民代表大会常务委员会第三十次会议修订　根据 2016 年 7 月 2 日第十二届全国人民代表大会常务委员会第二十一次会议《关于修改〈中华人民共和国节约能源法〉等六部法律的决定》第一次修正　根据 2018 年 10 月 26 日第十三届全国人民代表大会常务委员会第六次会议《关于修改〈中华人民共和国野生动物保护法〉等十五部法律的决定》第二次修正）

第五十九条（第二款）

农业、科技等有关主管部门应当支持、推广在农业生产、农产品加工储运等方面应用节能技术和节能产品，鼓励更新和淘汰高耗能的农业机械和渔业船舶。

中华人民共和国循环经济促进法（摘选）

（2008 年 8 月 29 日第十一届全国人民代表大会常务委员会第四次会议通过　根据 2018 年 10 月 26 日第十三届全国人民代表大会常务委员会第六次会议《关于修改〈中华人民共和国野生动物保护法〉等十五部法律的决定》修正）

第二十四条　县级以上人民政府及其农业等主管部门应当推进土地集约利用，鼓励和支持农业生产者采用节水、节肥、节药的先进种植、养殖和灌溉技术，推动农业机械节能，优先发展生态农业。

第四十条　国家支持企业开展机动车零部件、工程机械、机床等产品的再制造和轮胎翻新。

销售的再制造产品和翻新产品的质量必须符合国家规定的标准，并在显著位置标识为再制造产品或者翻新产品。

4.2　国家政策

国务院关于印发打赢蓝天保卫战三年行动计划的通知

国发〔2018〕22 号

各省、自治区、直辖市人民政府，国务院各部委、各直属机构：

　　现将《打赢蓝天保卫战三年行动计划》印发给你们，请认真贯彻执行。

国务院

2018 年 6 月 27 日

打赢蓝天保卫战 三年行动计划（摘选）

　　打赢蓝天保卫战，是党的十九大作出的重大决策部署，事关满足人民日益增长的美好生活需要，事关全面建成小康社会，事关经济高质量发展和美丽中国建设。为加快改善环境空气质量，打赢蓝天保卫战，制定本行动计划。

一、总体要求

（一）指导思想

以习近平新时代中国特色社会主义思想为指导，全面贯彻党的十九大和十九届二中、三中全会精神，认真落实党中央、国务院决策部署和全国生态环境保护大会要求，坚持新发展理念，坚持全民共治、源头防治、标本兼治，以京津冀及周边地区、长三角地区、汾渭平原等区域（以下称重点区域）为重点，持续开展大气污染防治行动，综合运用经济、法律、技术和必要的行政手段，大力调整优化产业结构、能源结构、运输结构和用地结构，强化区域联防联控，狠抓秋冬季污染治理，统筹兼顾、系统谋划、精准施策，坚决打赢蓝天保卫战，实现环境效益、经济效益和社会效益多赢。

（二）目标指标

经过 3 年努力，大幅减少主要大气污染物排放总量，协同减少温室气体排放，进一步明显降低细颗粒物（$PM_{2.5}$）浓度，明显减少重污染天数，明显改善环境空气质量，明显增强人民的蓝天幸福感。

到 2020 年，二氧化硫、氮氧化物排放总量分别比 2015 年下降 15% 以上；$PM_{2.5}$ 未达标地级及以上城市浓度比 2015 年下降 18% 以上，地级及以上城市空气质量优良天数比例达到 80%，重度及以上污染天数比例比 2015 年下降 25% 以上；提前完成"十三五"目标任务的省份，要保持和巩固改善成果；尚未完成的，要确保全面实现"十三五"约束性目标；北京市环境空气质量改善目标应在"十三五"目标基础上进一步提高。

（三）重点区域范围

京津冀及周边地区，包含北京市，天津市，河北省石家庄、唐山、邯郸、邢台、保定、沧州、廊坊、衡水市以及雄安新区，山西省太原、阳泉、长治、晋城市，山东省济南、淄博、济宁、德州、聊城、滨州、菏泽市，河南省郑州、开封、安阳、鹤壁、新乡、焦作、濮阳市等；长三角地区，包含上海市、江苏省、浙江省、安徽省；汾渭平原，包含山西省晋中、运城、临汾、吕梁，河南省洛阳、三门峡市，陕西省西安、铜川、宝鸡、咸阳、渭南市以及杨凌示范区等。

二、调整优化产业结构，推进产业绿色发展（略）

三、加快调整能源结构，构建清洁低碳高效能源体系（略）

四、积极调整运输结构，发展绿色交通体系

（十四）优化调整货物运输结构。（略）

（十五）加快车船结构升级。（略）

（十六）加快油品质量升级。（略）

（十七）强化移动源污染防治。严厉打击新生产销售机动车环保不达标等违法行为。严格新车环保装置检验，在新车销售、检验、登记等场所开展环保装置抽查，保证新车环保装置生产一致性。取消地方环保达标公告和目录审批。构建全国机动车超标排放信息数据库，追溯超标排放机动车生产和进口企业、注册登记地、排放检验机构、维修单位、运输企业等，实现全链条监管。推进老旧柴油车深度治理，具备条件的安装污染控制装置、配备实时排放监控终端，并与生态环境等有关部门联网，协同控制颗粒物和氮氧化物排放，稳定达标的可免于上线排放检验。有条件的城市定期更换出租车三元催化装置。（生态环境部、交通运输部牵头，公安部、工业和信息化部、市场监管总局等参与）

（其余略）

五、优化调整用地结构，推进面源污染治理（略）

六、实施重大专项行动，大幅降低污染物排放（略）

七、强化区域联防联控，有效应对重污染天气（略）

八、健全法律法规体系，完善环境经济政策（略）

九、加强基础能力建设，严格环境执法督察

（三十二）完善环境监测监控网络。加强移动源排放监管能力建设。建设完善遥感监测网络、定期排放检验机构国家—省—市三级联网，构建重型柴油车车载诊断系统远程监控系统，强化现场路检路查和停放地监督抽测。2018年底前，重点区域建成三级联网的遥感监测系统平台，其他区域2019年底前建成。推进工程机械安装实时定位和排放监控装置，建设排放监控平台，重点区域2020年底前基本完成。研究成立国家机动车污染防治中心，建设区域性国家机动车排放检测实验室。（生态环境部牵头，公安部、交通运输部、科技部等参与）

（其余略）

十、明确落实各方责任，动员全社会广泛参与

（三十八）加强环境信息公开。（略）

建立健全环保信息强制性公开制度。重点排污单位应及时公布自行监测和污染排放数据、污染治理措施、重污染天气应对、环保违法处罚及整改等信息。已核发排污许可证的企业应按要求及时公布执行报告。机动车和非道路移动机械生产、进口企业应依法向社会公开排放检验、污染控制技术等环保信息。（生态环境部负责）

（其余略）

国务院关于印发"十四五"节能减排综合工作方案的通知

国发〔2021〕33 号

各省、自治区、直辖市人民政府，国务院各部委、各直属机构：

现将《"十四五"节能减排综合工作方案》印发给你们，请结合本地区、本部门实际，认真贯彻落实。

国务院

2021 年 12 月 28 日

"十四五"节能减排综合工作方案（摘选）

为认真贯彻落实党中央、国务院重大决策部署，大力推动节能减排，深入打好污染防治攻坚战，加快建立健全绿色低碳循环发展经济体系，推进经济社会发展全面绿色转型，助力实现碳达峰、碳中和目标，制定本方案。

一、总体要求

以习近平新时代中国特色社会主义思想为指导，全面贯彻党的十九大和十九届历次全会精神，深入贯彻习近平生态文明思想，坚持稳中求进工作总基调，立足新发展阶段，完整、准确、全面贯彻新发展理念，构建新发展格局，推动高质量发展，完善实施能源消费强度和总量双控（以下简称能耗双控）、主要污染物排放总量控制制度，组织实施节能减排重点工程，进一步健全节能减排政策机制，推动能源利用效率大幅提高、主要污染物排放总量持续减少，实现节能降碳减污协同增效、生态环境质量持续改善，确保完成"十四五"节能减排目标，为实现碳达峰、碳中和目标奠定坚实基础。

二、主要目标

到2025年，全国单位国内生产总值能源消耗比2020年下降13.5%，能源消费总量得到合理控制，化学需氧量、氨氮、氮氧化物、挥发性有机物排放总量比2020年分别下降8%、8%、10%以上、10%以上。节能减排政策机制更加健全，重点行业能源利用效率和主要污染物排放控制水平基本达到国际先进水平，经济社会发展绿色转型取得显著成效。

三、实施节能减排重点工程

（一）重点行业绿色升级工程。（略）

（二）园区节能环保提升工程。（略）

（三）城镇绿色节能改造工程。（略）

（四）交通物流节能减排工程。推动绿色铁路、绿色公路、绿色港口、绿色航道、绿色机场建设，有序推进充换电、加注（气）、加氢、港口机场岸电等基础设施建设。提高城市公交、出租、物流、环卫清扫等车辆使用新能源汽车的比例。加快大宗货物和中长途货物运输"公转铁""公转水"，大力发展铁水、公铁、公水等多式联运。全面实施汽车国六排放标准和非道路移动柴油机械国四排放标准，基本淘汰国三及以下排放标准汽车。深入实施清洁柴油机行动，鼓励重型柴油货车更新替代。实施汽车排放检验与维护制度，加强机动车排放召回管理。加强船舶清洁能源动力推广应用，推动船舶岸电受电设施改造。提升铁路电气化水平，推广低能耗运输装备，推动实施铁路内燃机车国一排放标准。大力发展智能交通，积极运用大数据优化运输组织模式。加快绿色仓储建设，鼓励建设绿色物流园区。加快标准化物流周转箱推广应用。全面推广绿色快递包装，引导电商企业、邮政快递企业选购使用获得绿色认证的快递包装产品。到 2026 年，新能源汽车新车销售量达到汽车新车销售总量的 20% 左右，铁路、水路货运量占比进一步提升。（交通运输部、国家发展改革委牵头，工业和信息化部、公安部、财政部、生态环境部、住房城乡建设部、商务部、市场监管总局、国家能源局、国家铁路局、中国民航局、国家邮政局、中国国家铁路集团有限公司等按职责分工负责）

（五）农业农村节能减排工程。（略）

（六）公共机构能效提升工程。（略）

（七）重点区域污染物减排工程。（略）

（八）煤炭清洁高效利用工程。（略）

（九）挥发性有机物综合整治工程。（略）

（十）环境基础设施水平提升工程。（略）

四、健全节能减排政策机制

（一）优化完善能耗双控制度。（略）

（二）健全污染物排放总量控制制度。（略）

（三）坚决遏制高耗能高排放项目盲目发展。（略）

（四）健全法规标准。……研究制定下一阶段轻型车、重型车排放标准和油品质量标准。（国家发展改革委、生态环境部、司法部、工业和信息化部、财政部、住房城乡建设部、交通运输部、市场监管总局、国管局等按职责分工负责）

（五）完善经济政策。（略）

（六）完善市场化机制。（略）

（七）加强统计监测能力建设。（略）

（八）壮大节能减排人才队伍。（略）

五、强化工作落实（略）

4.3　部门文件

关于印发《柴油货车污染治理攻坚战行动计划》的通知

（环大气〔2018〕179 号）

各省、自治区、直辖市人民政府，新疆生产建设兵团，教育部、科技部、司法部、住房城乡建设部、农业农村部、应急部、海关总署、税务总局、民航局、邮政局：

　　经国务院同意，现将《柴油货车污染治理攻坚战行动计划》印发给你们，请认真贯彻落实。

生态环境部

发展改革委

工业和信息化部

公安部

财政部

交通运输部

商务部

市场监管总局

能源局

铁路局

中国铁路总公司

2018 年 12 月 30 日

柴油货车污染治理攻坚战行动计划（摘选）

为深入贯彻《中共中央　国务院关于全面加强生态环境保护　坚决打好污染防治攻坚战的意见》和国务院印发的《打赢蓝天保卫战三年行动计划》的要求，加强柴油货车超标排放治理，加快降低机动车船污染物排放量，坚决打赢蓝天保卫战，制定本行动计划。

一、总体要求

（一）指导思想。以习近平新时代中国特色社会主义思想为指导，全面贯彻党的十九大和十九届二中、三中全会精神，认真落实党中央、国务院决策部署和全国生态环境保护大会要求，坚持统筹"油、路、车"治理，以京津冀及周边地区、长三角地区、汾渭平原相关省（市）以及内蒙古自治区中西部等区域为重点（以下简称重点区域），以货物运输结构调整为导向，以柴油和车用尿素质量达标保障为支撑，以柴油车（机）达标排放为主线，建立健全严格的机动车全防全控环境监管制度，大力实施清洁柴油车、清洁柴油机、清洁运输、清洁油品行动，全链条治理柴油车（机）超标排放，明显降低污染物排放总量，促进区域空气质量明显改善。

（二）基本原则

坚持源头防范、综合治理。加快调整运输结构，增加铁路和水路货运量，减少公路大宗货物中长距离货运量。推广使用新能源和清洁能源汽车，壮大绿色运输车队。优化运输组织，提高运输效率，降低柴油货车空驶率。推进机动车生产制造、排放检验、维修治理和运输企业集约化发展。

坚持突出重点、联防联控。以重点区域及物流主通道作为重点监管区域，以营运柴油货车和车用油品、尿素作为重点监管对象，强化上下联动、区域协同，统一执法尺度和力度，增强监管合力。加强相关部门之间统筹协调和联合执法，建立完善信息共享机制，提高联合共治水平。

坚持全防全控、严惩重罚。从机动车设计、生产、销售、注册登记、使用、转移、检验、维修和报废等各个环节，加强全方位管控。加大监管执法力度，严厉打击生产销售不达标车辆、检验维修弄虚作假、屏蔽车载诊断系统（OBD）、生产销售使用假劣油品和车用尿素等违法行为。

坚持远近结合、标本兼治。加快完善政策、法规和标准体系，构建严格的环境监管制度，大幅提高违法成本。健全环境信用联合奖惩制度，实现"一处失信、处处受限"。完善环境经济政策，提高企业减排积极性。建立超标排放举报机制，鼓励公众监督，促进群防群控。

（三）目标指标。到 2020 年，柴油货车排放达标率明显提高，柴油和车用尿素质量明显改善，柴油货车氮氧化物和颗粒物排放总量明显下降，重点区域城市空气二氧化氮浓度逐步降低，机动车排放监管能力和水平大幅提升，全国铁路货运量明显增加，绿色低碳、清洁高效的交通运输体系初步形成。

——全国在用柴油车监督抽测排放合格率达到90%，重点区域达到95%以上，排气管口冒黑烟现象基本消除。

——全国柴油和车用尿素抽检合格率达到95%，重点区域达到98%以上，违法生产销售假劣油品现象基本消除。

——全国铁路货运量比2017年增长30%，初步实现中长距离大宗货物主要通过铁路或水路进行运输。

（四）重点区域范围。京津冀及周边地区、长三角地区、汾渭平原相关省（市）以及内蒙古自治区中西部等区域，包括北京市、天津市、河北省、山西省、山东省、河南省、上海市、江苏省、浙江省、安徽省、陕西省，以及内蒙古自治区呼和浩特市、包头市、乌兰察布市、鄂尔多斯市、巴彦淖尔市、乌海市。

二、清洁柴油车行动

（五）加强新生产车辆环保达标监管。严格实施国家机动车油耗和排放标准。严格实施重型柴油车燃料消耗量限值标准，不满足标准限值要求的新车型禁止进入道路运输市场。2019年7月1日起，重点区域、珠三角地区、成渝地区提前实施机动车国六排放标准。推广使用达到国六排放标准的燃气车辆。（生态环境部、交通运输部牵头，工业和信息化部、公安部等参与，地方各级人民政府负责落实。以下均需地方各级人民政府落实，不再列出）

强化机动车环保信息公开。机动车生产、进口企业依法依规公开排放检验、污染控制技术和汽车尾气排放相关的维修技术信息。各地生态环境部门在机动车生产、销售和注册登记等环节加强监督检查，指导监督排放检验机构严格开展柴油车注册登记前的排放检验，通过国家机动车环境监管平台逐车核实环保信息公开情况，进行污染控制装置查验、上线排放检测，确保车辆配置的真实性、唯一性和一致性，2019 年基本实现全覆盖。（生态环境部、交通运输部牵头，公安部、市场监管总局等参与）

严厉打击生产、进口、销售不达标车辆违法行为。在生产、进口、销售环节加强对新生产机动车环保达标监管，抽查核验新生产销售车辆的 OBD、污染控制装置、环保信息随车清单等，抽测部分车型的道路实际排放情况。各省（区、市）对在本行政区域内生产（进口）的主要车（机）型系族的年度抽检率达到 80%，覆盖全部生产（进口）企业，重点区域抽检率进一步提高；对在本行政区域销售的主要车（机）型系族的年度抽检率达到 60%，重点区域达到 80%。严厉打击污染控制装置造假、屏蔽 OBD 功能、尾气排放不达标、不依法公开环保信息等行为，按规定撤销相关企业车辆产品公告、油耗公告和强制性产品认证，督促生产（进口）企业及时实施环境保护召回。各地生产销售柴油车型系族的抽检合格率达到 95% 以上。（生态环境部、工业和信息化部、海关总署、市场监管总局牵头，交通运输部等参与）

（六）加大在用车监督执法力度。建立完善监管执法模式。推行生态环境部门检测取证、公安交管部门实施处罚、交通运输部门监督维修的联合监管执法模式。各地生态环境部门应将本地超标排放车辆信息，以信函或公告（在政府网站发布）等方式及时告知车辆所有人及所属企业，督促限期到与交通运输和生态环境部门联网的具有相应资质能力的维修单位进行维修治理，经维修合格后再到排放检验机构进行复检，公安交管、交通运输部门应当协助联系车辆所有人和所属企业；对于登记地在外省（区、市）的超标排放车辆信息，各地应及时上传到国家机动车环境监管平台，由登记地生态环境部门负责通知和督促。未在规定期限内维修并复检合格的车辆，生态环境、交通运输部门将其列入监管黑名单并将车型、车牌、企业等信息向社会公开，同时依法予以处理或处罚。对于列入监管黑名单或一个综合性能检验周期内三次以上监督抽测超标的营运车辆，生态环境和交通运输部门将其所属单位列为重点监管对象。对于一年内超标排放车辆占其总车辆数 10% 以上的运输企业，交通运输和生态环境部门将其列入黑名单或重点监管对象。（生态环境部、公安部、交通运输部牵头）

加大路检路查力度。各地建立完善生态环境、公安交管、交通运输等部门联合执法常态化路检路查工作机制，严厉打击超标排放等违法行为，基本消除柴油车排气口冒黑烟现象。各地大力开展排放监督抽测，重点检查柴油货车污染控制装置、OBD、尾气排放达标情况，具备条件的要抽查柴油和车用尿素质量及使用情况。各设区城市在重点路段对柴油车开展常态化的路检路查，重点区域城市在秋冬季加大检查力度。（生态环境部、公安部、交通运输部牵头）

强化入户监督抽测。督促指导柴油车超过 20 辆的重点企业，建立完善车辆维护、燃料和车用尿素添加使用台账，并鼓励通过网络系统及时向当地设区市生态环境部门传送。对于物流园、工业园、货物集散地、公交场站等车辆停放集中的重点场所，以及物流货运、工矿企业、长途客运、环卫、邮政、旅游、维修等重点单位，按"双随机"模式开展定期和不定期监督抽测。对于日常监督抽测或定期排放检验初检超标、在异地进行定期排放检验的柴油车辆，应作为重点抽查对象。（生态环境部牵头，交通运输部等参与）

加强重污染天气期间柴油货车管控。重污染天气预警期间，各地应加大部门联合综合执法检查力度，对于超标排放等违法行为，依法严格处罚。重点区域的钢铁、建材、焦化、有色、化工、矿山等涉及大宗物料运输的重点企业以及沿海沿江港口、城市物流配送企业，应制定错峰运输方案，原则上不允许柴油货车在重污染天气预警响应期间进出厂区（保证安全生产运行、运输民生保障物资或特殊需求产品，以及为外贸货物、进出境旅客提供港口集疏运服务的国五及以上排放标准的车辆除外）。各地生态环境部门可根据重污染天气应急需要，督促指导重点企业建设管控运输车辆的门禁和视频监控系统，监控数据至少保存一年以上。（生态环境部、公安部、交通运输部牵头，工业和信息化部等参与）

加大对高排放车辆监督抽测频次。在机动车集中停放地和维修地开展入户检查，并通过路检路查和遥感监测，加强对高排放车辆的监督抽测。每年秋冬季期间监督抽测柴油车数量，重点区域城市自 2019 年起不低于当地柴油车保有量的 80%，其他区域城市不低于 50%。（生态环境部、公安部、交通运输部牵头）

（七）强化在用车排放检验和维修治理。加强排放检验机构监督管理。推行除大型客车、校车和危险货物运输车以外的其他汽车跨省异地排放检验。2019 年年底前，排放检验机构应向社会公开检验过程，在企业网站或办事业务大厅显示屏通过高清视频实时公开柴油车排放检验全过程及检验结果，重点区域提前完成。采取现场随机抽检、排放检测比对、远程监控排查等方式，每年实现对排放检验机构的监管全覆盖。对于为省外登记的车辆开展排放检验比较集中、排放检验合格率异常的排放检验机构，应作为重点对象加强监管。将柴油车氮氧化物排放纳入在用汽车污染物排放标准，严格执行、加强监管。严厉打击排放检验机构伪造检验结果、出具虚假报告等违法行为，依法依规撤销资质认定（计量认证）证书，予以严格处罚并公开曝光。（生态环境部、市场监管总局牵头）

强化维修单位监督管理。交通运输、生态环境部门督促指导维修企业建立完善机动车维修治理档案制度，加强监督管理，严厉打击篡改破坏 OBD 系统、采用临时更换污染控制装置等弄虚作假方式通过排放检验的行为，依法依规对维修单位和机动车所有人予以严格处罚。（交通运输部、生态环境部牵头，市场监管总局等参与）

建立完善机动车排放检测与强制维护制度（I/M 制度）。各地生态环境、交通运输等部门建立排放检测和维修治理信息共享机制。排放检验机构（I 站）应出具排放检验结果书面报告，不合格车辆应到具有资质的维修单位（M 站）进行维修治理。经 M 站维修治理合格并上传信息后，再到同一家 I 站予以复检，经检验合格方可出具合格报告。I 站和 M 站数据应实时上传至当地生态环境和交通运输部门，实现数据共享和闭环管理。研究制定汽车排放及维修有关零部件标准，鼓励开展自愿认证。2019 年年底前，各地全面建立实施 I/M 制度，重点区域提前完成。监督抽测发现的超标排放车辆也应按要求及时维修。（交通运输部、生态环境部牵头，市场监管总局等参与）

（八）加快老旧车辆淘汰和深度治理。推进老旧车辆淘汰报废。各地制定老旧柴油货车和燃气车淘汰更新目标及实施计划，采取经济补偿、限制使用、加强监督执法等措施，促进加快淘汰国三及以下排放标准的柴油货车、采用稀薄燃烧技术或"油改气"的老旧燃气车辆。对达到强制报废标准的车辆，依法实施强制报废。对于提前淘汰并购买新能源货车的，享受中央财政现行购置补贴政策。鼓励地方研究建立与柴油货车淘汰更新相挂钩的新能源车辆运营补贴机制，制定实施便利通行政策。2020 年年底前，京津冀及周边地区、汾渭平原加快淘汰国三及以下排放标准营运柴油货车 100 万辆以上。（交通运输部、生态环境部、财政部、商务部牵头，公安部等参与）

推动高排放车辆深度治理。按照政府引导、企业负责、全程监控模式，推进高排放老旧柴油车深度治理。对于具备深度治理条件的柴油车，鼓励加装或更换符合要求的污染控制装置，协同控制颗粒物和氮氧化物排放。深度治理车辆应安装远程排放监控设备和精准定位系统，并与生态环境部门联网，实时监控油箱和尿素箱液位变化，以及氮氧化物、颗粒物排放情况。安装远程排放监控设备并与生态环境部门联网且稳定达标排放的柴油车，可在定期排放检验时免于上线检测。（生态环境部、交通运输部牵头）

（九）推进监控体系建设和应用。加快建设完善"天地车人"一体化的机动车排放监控系统。利用机动车道路遥感监测、排放检验机构联网、重型柴油车远程排放监控，以及路检路查和入户监督抽测，对柴油车开展全天候、全方位的排放监控。2018年年底前，全部机动车排放检验机构实现国家、省、市三级联网，确保排放检验数据实时、稳定传输。加快推进机动车遥感监测能力建设，各地根据工作需要在柴油车通行主要路段建设遥感监测点位，并进行国家、省、市三级联网，重点区域2018年年底前初步建成，其他区域2020年完成。推进重型柴油车远程在线监控系统建设，2018年重点区域开展试点，2019年年底前重点区域50%以上具备条件的重型柴油车安装远程在线监控并与生态环境部门联网，其他地区城市积极推进。2020年1月1日起，重点区域将未安装远程在线监控系统的营运车辆列入重点监管对象。（生态环境部牵头，交通运输部等参与）

加强排放大数据分析应用。利用"天地车人"一体化排放监控系统以及机动车监管执法工作形成的数据，构建全国互联互通、共建共享的机动车环境监管平台。各地通过信息平台每日报送定期排放检验数据和监督抽测发现的超标排放车辆信息，实现登记地与使用地对超标排放车辆的联合监管。通过大数据追溯超标排放车辆生产或进口企业、污染控制装置生产企业、登记地、排放检验机构、维修单位、加油站点、供油企业、运输企业等，实现全链条环境监管。加强对排放检验机构检测数据的监督抽查，对比分析过程数据、视频图像和检测报告，重点核查定期排放检验初检或日常监督抽测发现的超标车、外省（区、市）登记的车辆、运营 5 年以上的老旧柴油车等。各地对上述重点车辆排放检验数据的年度核查率要达到 80% 以上，重点区域再进一步提高比例。（生态环境部牵头，公安部、交通运输部、商务部、工业和信息化部、市场监管总局、海关总署等参与）

（十）推动相关行业集约化发展。促进落后产能淘汰。鼓励运用市场化手段，推进柴油货车生产企业兼并重组，促进淘汰落后产品和僵尸企业。对不能维持正常生产经营的企业进行为期两年的特别公示管理。2020 年年底前，进一步提高柴油货车制造产业集中度。（工业和信息化部牵头）

推进排放检验机构和维修单位规模化发展。鼓励支持排放检验机构通过市场运作手段，开展并购重组、连锁经营，实现规模化、集团化发展。着力培育一批检验服务质量好、社会诚信度高的排放检验机构成长为地方或行业品牌。鼓励专业水平高的排放检验机构在产业集中区域、交通枢纽、沿海沿江港口、偏远地区以及消费集中区域设立分支机构，提供便捷服务。对于设立分支机构或者多场所检验检测机构的，资质认定部门简化办理手续。鼓励支持技术水平高、市场信誉好的维修企业连锁经营，严厉打击清理无照、不按规定备案经营的维修站点。（市场监管总局、生态环境部、交通运输部牵头）

三、清洁柴油机行动（略）

四、清洁运输行动（略）

五、清洁油品行动（略）

六、保障措施（略）

关于印发《深入打好重污染天气消除、臭氧污染防治和
柴油货车污染治理攻坚战行动方案》的通知

（环大气〔2022〕68号）

各省、自治区、直辖市、新疆生产建设兵团生态环境厅（局）、发展改革委、科技厅（局、委）、工业和信息化主管部门、公安厅（局）、财政厅（局）、住房和城乡建设厅（局、委、管委）、交通运输厅（局、委）、农业农村（农牧）厅（局、委）、商务厅（局）、市场监管厅（局、委）、气象局、能源局，海关总署广东分署、各直属海关，民航各地区管理局：

　　现将《深入打好重污染天气消除、臭氧污染防治和柴油货车污染治理攻坚战行动方案》印发给你们，请遵照执行。

生态环境部　国家发展改革委

科技部　工业和信息化部

公安部　财政部

住房和城乡建设部　交通运输部

农业农村部　商务部

海关总署　市场监管总局

气象局　国家能源局

民航局

2022 年 11 月 10 日

深入打好重污染天气消除、臭氧污染防治和柴油货车污染治理攻坚战行动方案

深入打好蓝天保卫战是党中央、国务院做出的重大决策部署，为贯彻落实《中共中央　国务院关于深入打好污染防治攻坚战的意见》有关要求，打好重污染天气消除、臭氧污染防治、柴油货车污染治理三个标志性战役，解决人民群众关心的突出大气环境问题，持续改善空气质量，制定本方案。

一、充分认识打好攻坚战的重要性

党中央、国务院高度重视大气污染防治工作，近年来，通过制定实施《大气污染防治行动计划》《打赢蓝天保卫战三年行动计划》，我国环境空气质量明显改善，人民群众蓝天幸福感、获得感显著增强。但重点地区、重点领域大气污染问题仍然突出，京津冀及周边等区域细颗粒物（PM$_{2.5}$）浓度仍处于高位，秋

冬季重污染天气依然高发、频发；臭氧污染日益凸显，特别是在夏季，已成为导致部分城市空气质量超标的首要因子；柴油货车污染尚未有效解决，移动源是氮氧化物排放的重要来源，对秋冬季 $PM_{2.5}$ 污染和夏季臭氧污染影响较大，大气污染防治工作任重道远。各地要进一步把思想认识和行动统一到党中央、国务院决策部署上来，充分认识深入打好重污染天气消除、臭氧污染防治、柴油货车污染治理三个标志性战役的重要性，勇于担当、真抓实干，以大气环境改善实际成效取信于民，为实现美丽中国奠定坚实基础。

二、总体要求

（一）指导思想

以习近平新时代中国特色社会主义思想为指导，深入贯彻党的二十大精神，全面落实习近平生态文明思想，坚持以人民为中心的发展思想，坚持稳中求进工作总基调，以实现减污降碳协同增效为总抓手，以精准治污、科学治污、依法治污为工作方针，以改善空气质量为核心，以当前迫切需要解决的重污染天气、臭氧污染、柴油货车污染等突出问题为重点，深入打好蓝天保卫战标志性战役，推动"十四五"空气质量改善目标顺利实现，人民群众蓝天幸福感、获得感进一步增强。

（二）基本原则

坚持精准科学、依法治污。秋冬季聚焦 $PM_{2.5}$ 和重污染天气、夏季聚焦臭氧、全年紧抓柴油货车开展攻坚；科学确定攻坚重点地区、对象、措施；严格依法治理、依法监管，反对"一刀切""运动式"攻坚。

坚持优化结构、标本兼治。大力推进产业、能源、运输结构优化调整，提升工业、运输等领域清洁低碳水平，持续推进重点行业深度治理。完善应对机制，精准有效应对重污染天气。

坚持系统观念、协同增效。突出综合治理、系统治理、源头治理，统筹大气污染防治和温室气体减排，促进减污降碳协同增效；聚焦 $PM_{2.5}$ 和臭氧协同控制，强化多污染物协同减排；加强区域协同治理、联防联控。

坚持部门协作、压实责任。明确责任分工、强化部门协作，开展联合执法，形成治污合力。加强帮扶指导，严格监督考核，推动大气污染治理责任落实落地。

（三）主要目标

到 2025 年，全国重度及以上污染天气基本消除；$PM_{2.5}$ 和臭氧协同控制取得积极成效，臭氧浓度增长趋势得到有效遏制；柴油货车污染治理水平显著提高，移动源大气主要污染物排放总量明显下降。

三、推进重点工程

统筹大气污染防治与"双碳"目标要求，开展大气减污降碳协同增效行动，将标志性战役任务措施与降碳措施一体谋划、一体推进，优化调整产业、能源、运输结构，从源头减少大气污染物和碳排放。促进产业绿色转型升级，坚决遏制高耗能、高排放、低水平项目盲目发展，开展传统产业集群升级改造。推动能源清洁低碳转型，开展分散、低效煤炭综合治理。构建绿色交通运输体系，加快推进"公转铁""公转水"，提高机动车船和非道路移动机械绿色低碳水平。强化挥发性有机物（VOCs）、氮氧化物等多污染物协同减排，以石化、化工、涂装、制药、包装印刷和油品储运销等为重点，加强 VOCs 源头、过程、末端全流程治理；持续推进钢铁行业超低排放改造，出台焦化、水泥行业超低排放改造方案；开展低效治理设施全面提升改造工程。严把治理工程质量，多措并举治理低价中标乱象，对工程质量低劣、环保设施运营管理水平低甚至存在弄虚作假行为的企业、环保公司和运维机构加大联合惩戒力度。统筹做好大气污染防治过程中安全防范工作。

四、强化联防联控

按照统一规划、统一标准、统一监测、统一污染防治措施的要求，强化区域大气污染联防联控。国家重点推动京津冀及周边地区、长三角地区、汾渭平原等大气污染防治重点区域（以下简称重点区域）联防联控工作，加强对珠三角地区、成渝地区、长江中游城市群、东北地区、天山北坡城市群等区域大气污染防治协作工作的指导。各省（区、市）根据需求加强行政区域内城市间大气污染联防联控；鼓励交界地区相关市县积极开展联防联控。构建"省—市—县"重污染天气应对三级预案体系，规范重污染天气预警、启动、响应、解除工作流程，持续推进重点行业企业绩效分级，加强应急减排清单标准化管理。

五、夯实基础能力

强化科技支撑，开展 $PM_{2.5}$ 和臭氧协同防控科技攻关，构建复合污染成因机理、监测预报、精准溯源、深度治理、智慧监管、科学评估的全过程科技支撑体系；选择典型城市实施"一市一策"驻点跟踪研究。开展大气污染物和温室气体排放融合清单编制工作。加强监测能力建设，完善"天地空"一体化监测体系；加强污染源监测监控，大气环境重点排污单位依法安装自动监测设备，并联网稳定运行；对排污单位和社会化检测机构承担的自行监测和执法监测加大监督抽查力度，依法公开一批人为干预、篡改、伪造监测数据的机构和人员名单。提升监督执法效能，围绕标志性战役任务措施，精准、高效开展环境监督执法，在油品、煤炭质量、含 VOCs 产品质量、柴油车尾气排放等领域实施多部门联合执法。持续开展环保信用评价，对环保信用等级较低的依法实施失信联合惩戒。

六、加强组织领导

各地要把深入打好重污染天气消除、臭氧污染防治和柴油货车污染治理攻坚战放在重要位置，作为深入打好污染防治攻坚战的关键举措。各省（区、市）要根据本地环境空气质量改善需求和标志性战役目标任务，提出符合实际、切实可行的时间表、路线图、施工图，明确职责分工，做好分地区、分年度任务分解，加大政策支持力度，确保各项任务措施落到实处。生态环境部每年下达京津冀及周边地区、汾渭平原各城市秋冬季空气质量改善目标，相关省（区、市）制定本地年度秋冬季大气攻坚行动方案。各部门加强协调，各司其职、各负其责、密切配合，及时协调解决推进过程中出现的困难和问题。

生态环境部定期调度各地重点任务进展情况，通报空气质量改善情况。推动将标志性战役年度和终期有关目标完成情况作为深入打好污染防治攻坚战成效考核的重要内容。强化目标任务落实，对未完成目标任务的地区依法依规实行通报批评和约谈问责，有关落实情况纳入中央生态环境保护督察。

　　附件：1. 重污染天气消除攻坚行动方案（略）

　　　　　2. 臭氧污染防治攻坚行动方案（略）

　　　　　3. 柴油货车污染治理攻坚行动方案

　　　　　4. 区域范围（略）

　　抄送：国务院办公厅，国资委，中国国家铁路集团有限公司。

生态环境部办公厅 2022 年 11 月 14 日印发

4　相关法律、法规和政策文件

附件　柴油货车污染治理攻坚战行动方案（摘选）

一、总体要求

（一）攻坚目标

到 2025 年，运输结构、车船结构清洁低碳程度明显提高，燃油质量持续改善，机动车船、工程机械及重点区域铁路内燃机车超标冒黑烟现象基本消除，全国柴油货车排放检测合格率超过 90%，全国柴油货车氮氧化物排放量下降 12%，新能源和国六排放标准货车保有量占比力争超过 40%，铁路货运量占比提升 0.5 个百分点。

（二）攻坚思路

坚持"车、油、路、企"统筹，在保障物流运输通畅前提下，以京津冀及周边地区、长三角地区、汾渭平原相关省（区、市）以及内蒙古自治区中西部城市为重点，以柴油货车和非道路移动机械为监管重点，聚焦煤炭、焦炭、矿石运输通道以及铁矿石疏港通道，持续深入打好柴油货车污染治理攻坚战。坚持源头防控，加快运输结构调整和车船清洁化推进力度；坚持过程防控，完善设计、生产、销售、使用、检验、维修和报废等全流程管控，突出重点用车企业清洁运输主体责任；坚持协同防控，加强政策系统性、协调性，建立完善信息共享机制，强化部门联合监管和执法。

二、推进"公转铁""公转水"行动（略）

三、柴油货车清洁化行动

推动车辆全面达标排放。加强对本地生产货车环保达标监管，核查车辆的车载诊断系统（OBD）、污染控制装置、环保信息随车清单、在线监控等，抽测部分车型的道路实际排放情况，基本实现系族全覆盖。严厉打击污染控制装置造假、屏蔽 OBD 功能、尾气排放不达标、不依法公开环保信息等行为，依法依规暂停或撤销相关企业车辆产品公告、油耗公告和强制性产品认证。督促生产（进口）企业及时实施排放召回。有序推进实施汽车排放检验和维护制度。加强重型货车路检路查，以及集中使用地和停放地的入户检查。（生态环境部、工业和信息化部、公安部、交通运输部、海关总署、市场监管总局按职责分工负责）

推进传统汽车清洁化。2023 年 7 月 1 日，全国实施轻型车和重型车国六 b 排放标准。严格执行机动车强制报废标准规定，符合强制报废情形的交报废机动车回收企业按规定回收拆解。发展机动车超低排放和近零排放技术体系，集成发动机后处理控制、智能监管等共性技术，实现规模化应用。（生态环境部、工业和信息化部、公安部、交通运输部、商务部、海关总署、科技部等按职责分工负责）

加快推动机动车新能源化发展。以公共领域用车为重点推进新能源化，重点区域和国家生态文明试验区新增或更新公交、出租、物流配送、轻型环卫等车辆中新能源汽车比例不低于80%。推广零排放重型货车，有序开展中重型货车氢燃料等示范和商业化运营，京津冀、长三角、珠三角研究开展零排放货车通道试点。（国家发展改革委、工业和信息化部、生态环境部、交通运输部等按职责分工负责）

四、非道路移动源综合治理行动（略）

五、重点用车企业强化监管行动（略）

六、柴油货车联合执法行动（略）

关于印发《减污降碳协同增效实施方案》的通知

（环综合〔2022〕42 号）

各省、自治区、直辖市和新疆生产建设兵团生态环境厅（局）、发展改革委、工业和信息化主管部门、住房和城乡建设厅（局）、交通运输厅（局、委）、农业农村（农牧）厅（局、委）、能源局：

　　《减污降碳协同增效实施方案》已经碳达峰碳中和工作领导小组同意，现印发给你们，请结合实际认真贯彻落实。

生态环境部　国家发展和改革委员会

工业和信息化部　住房和城乡建设部

交通运输部　农业农村部

国家能源局

2022 年 6 月 10 日

减污降碳协同增效实施方案（摘选）

为深入贯彻落实党中央、国务院关于碳达峰碳中和决策部署，落实新发展阶段生态文明建设有关要求，协同推进减污降碳，实现一体谋划、一体部署、一体推进、一体考核，制定本实施方案。

一、面临形势

党的十八大以来，我国生态文明建设和生态环境保护取得历史性成就，生态环境质量持续改善，碳排放强度显著降低。但也要看到，我国发展不平衡、不充分问题依然突出，生态环境保护形势依然严峻，结构性、根源性、趋势性压力总体上尚未根本缓解，实现美丽中国建设和碳达峰碳中和目标愿景任重道远。与发达国家基本解决环境污染问题后转入强化碳排放控制阶段不同，当前我国生态文明建设同时面临实现生态环境根本好转和碳达峰碳中和两大战略任务，生态环境多目标治理要求进一步凸显，协同推进减污降碳已成为我国新发展阶段经济社会发展全面绿色转型的必然选择。

面对生态文明建设新形势新任务新要求，基于环境污染物和碳排放高度同根同源的特征，必须立足实际，遵循减污降碳内在规律，强化源头治理、系统治理、综合治理，切实发挥好降碳行动对生态环境质量改善的源头牵引作用，充分利用现有生态环境制度体系协同促进低碳发展，创新政策措施，优化治理路线，推动减污降碳协同增效。

二、总体要求

（一）指导思想

以习近平新时代中国特色社会主义思想为指导，全面贯彻党的十九大和十九届历次全会精神，按照党中央、国务院决策部署，深入贯彻习近平生态文明思想，坚持稳中求进工作总基调，立足新发展阶段，完整、准确、全面贯彻新发展理念，构建新发展格局，推动高质量发展，把实现减污降碳协同增效作为促进经济社会发展全面绿色转型的总抓手，锚定美丽中国建设和碳达峰碳中和目标，科学把握污染防治和气候治理的整体性，以结构调整、布局优化为关键，以优化治理路径为重点，以政策协同、机制创新为手段，完善法规标准，强化科技支撑，全面提高环境治理综合效能，实现环境效益、气候效益、经济效益多赢。

（二）工作原则

突出协同增效。坚持系统观念，统筹碳达峰碳中和与生态环境保护相关工作，强化目标协同、区域协同、领域协同、任务协同、政策协同、监管协同，增强生态环境政策与能源产业政策协同性，以碳达峰行动进一步深化环境治理，以环境治理助推高质量达峰。

强化源头防控。紧盯环境污染物和碳排放主要源头，突出主要领域、重点行业和关键环节，强化资源能源节约和高效利用，加快形成有利于减污降碳的产业结构、生产方式和生活方式。

优化技术路径。统筹水、气、土、固废、温室气体等领域减排要求，优化治理目标、治理工艺和技术路线，优先采用基于自然的解决方案，加强技术研发应用，强化多污染物与温室气体协同控制，增强污染防治与碳排放治理的协调性。

注重机制创新。充分利用现有法律、法规、标准、政策体系和统计、监测、监管能力，完善管理制度、基础能力和市场机制，一体推进减污降碳，形成有效激励约束，有力支撑减污降碳目标任务落地实施。

鼓励先行先试。发挥基层积极性和创造力，创新管理方式，形成各具特色的典型做法和有效模式，加强推广应用，实现多层面、多领域减污降碳协同增效。

（三）主要目标

到 2025 年，减污降碳协同推进的工作格局基本形成；重点区域、重点领域结构优化调整和绿色低碳发展取得明显成效；形成一批可复制、可推广的典型经验；减污降碳协同度有效提升。

到 2030 年，减污降碳协同能力显著提升，助力实现碳达峰目标；大气污染防治重点区域碳达峰与空气质量改善协同推进取得显著成效；水、土壤、固体废物等污染防治领域协同治理水平显著提高。

三、加强源头防控（略）

四、突出重点领域

（九）推进交通运输协同增效。加快推进"公转铁""公转水"，提高铁路、水运在综合运输中的承运比例。发展城市绿色配送体系，加强城市慢行交通系统建设。加快新能源车发展，逐步推动公共领域用车电动化，有序推动老旧车辆替换为新能源车辆和非道路移动机械使用新能源清洁能源动力，探索开展中重型电动、燃料电池货车示范应用和商业化运营。

（其余略）

五、优化环境治理（略）

六、开展模式创新（略）

七、强化支撑保障（略）

八、加强组织实施（略）

国家市场监督管理总局　生态环境部令《机动车排放召回管理规定》

（第 40 号）

　　《机动车排放召回管理规定》已经 2021 年 3 月 30 日国家市场监督管理总局第 6 次局务会议审议通过，并经生态环境部同意，现予公布，自 2021 年 7 月 1 日起施行。

市场监管总局局长

生态环境部部长

2021 年 4 月 27 日

机动车排放召回管理规定

第一条　为了规范机动车排放召回工作，保护和改善环境，保障人体健康，根据《中华人民共和国大气污染防治法》等法律、行政法规，制定本规定。

第二条　在中华人民共和国境内开展机动车排放召回及其监督管理，适用本规定。

第三条　本规定所称排放召回，是指机动车生产者采取措施消除机动车排放危害的活动。

本规定所称排放危害，是指因设计、生产缺陷或者不符合规定的环境保护耐久性要求，致使同一批次、型号或者类别的机动车中普遍存在的不符合大气污染物排放国家标准的情形。

第四条　机动车存在排放危害的，其生产者应当实施召回。

进口机动车的进口商，视为本规定所称的机动车生产者。

第五条　国家市场监督管理总局会同生态环境部负责机动车排放召回监督管理工作。

国家市场监督管理总局和生态环境部可以根据工作需要，委托各自的下一级行政机关承担本行政区域内机动车排放召回监督管理有关工作。

国家市场监督管理总局和生态环境部可以委托相关技术机构承担排放召回的技术工作。

第六条　国家市场监督管理总局负责建立机动车排放召回信息系统和监督管理平台，与生态环境部建立信息共享机制，开展信息会商。

第七条　生态环境部负责收集和分析机动车排放检验检测信息、污染控制技术信息和排放投诉举报信息。

设区的市级以上地方生态环境部门应当收集和分析机动车排放检验检测信息、污染控制技术信息和排放投诉举报信息，并将可能与排放危害相关的信息逐级上报至生态环境部。

第八条　机动车生产者应当记录并保存机动车设计、制造、排放检验检测等信息以及机动车初次销售的机动车所有人信息，保存期限不得少于 10 年。

第九条　机动车生产者应当及时通过机动车排放召回信息系统报告下列信息：

（一）排放零部件的名称和质保期信息；

（二）排放零部件的异常故障维修信息和故障原因分析报告；

（三）与机动车排放有关的维修与远程升级等技术服务通报、公告等信息；

（四）机动车在用符合性检验信息；

（五）与机动车排放有关的诉讼、仲裁等信息；

（六）在中华人民共和国境外实施的机动车排放召回信息；

（七）需要报告的与机动车排放有关的其他信息。

前款规定信息发生变化的，机动车生产者应当自变化之日起 20 个工作日内重新报告。

第十条　从事机动车销售、租赁、维修活动的经营者（以下统称机动车经营者）应当记录并保存机动车型号、规格、车辆识别代号、数量以及具体的销售、租赁、维修等信息，保存期限不得少于 5 年。

第十一条　机动车经营者、排放零部件生产者发现机动车可能存在排放危害的，应当向国家市场监督管理总局报告，并通知机动车生产者。

第十二条　机动车生产者发现机动车可能存在排放危害的，应当立即进行调查分析，并向国家市场监督管理总局报告调查分析结果。机动车生产者认为机动车存在排放危害的，应当立即实施召回。

第十三条　国家市场监督管理总局通过车辆测试等途径发现机动车可能存在排放危害的，应当立即书面通知机动车生产者进行调查分析。

机动车生产者收到调查分析通知的，应当立即进行调查分析，并向国家市场监督管理总局报告调查分析结果。生产者认为机动车存在排放危害的，应当立即实施召回。

第十四条　有下列情形之一的，国家市场监督管理总局会同生态环境部可以对机动车生产者进行调查，必要时还可以对排放零部件生产者进行调查：

（一）机动车生产者未按照通知要求进行调查分析，或者调查分析结果不足以证明机动车不存在排放危害的；

（二）机动车造成严重大气污染的；

（三）生态环境部在大气污染防治监督检查中发现机动车可能存在排放危害的。

第十五条　国家市场监督管理总局会同生态环境部进行调查，可以采取下列措施：

（一）进入机动车生产者、经营者以及排放零部件生产者的生产经营场所和机动车集中停放地进行现场调查；

（二）查阅、复制相关资料和记录；

（三）向有关单位和个人询问机动车可能存在排放危害的情况；

（四）委托技术机构开展机动车排放检验检测；

（五）法律、行政法规规定的可以采取的其他措施。

机动车生产者、经营者以及排放零部件生产者应当配合调查。

第十六条　经调查认为机动车存在排放危害的，国家市场监督管理总局应当书面通知机动车生产者实施召回。机动车生产者认为机动车存在排放危害的，应当立即实施召回。

第十七条　机动车生产者认为机动车不存在排放危害的，可以自收到通知之日起 15 个工作日内向国家市场监督管理总局提出书面异议，并提交证明材料。

国家市场监督管理总局应当会同生态环境部对机动车生产者提交的材料进行审查，必要时可以组织与机动车生产者无利害关系的专家采用论证、检验检测或者鉴定等方式进行认定。

第十八条　机动车生产者既不按照国家市场监督管理总局通知要求实施召回又未在规定期限内提出异议，或者经认定确认机动车存在排放危害的，国家市场监督管理总局应当会同生态环境部书面责令机动车生产者实施召回。

第十九条　机动车生产者认为机动车存在排放危害或者收到责令召回通知书的，应当立即停止生产、进口、销售存在排放危害的机动车。

第二十条　机动车生产者应当制定召回计划，并自认为机动车存在排放危害或者收到责令召回通知书之日起 5 个工作日内向国家市场监督管理总局提交召回计划。

机动车生产者应当按照召回计划实施召回。确需修改召回计划的，机动车生产者应当自修改之日起 5 个工作日内重新提交，并说明修改理由。

第二十一条　召回计划应当包括下列内容：

（一）召回的机动车范围、存在的排放危害以及应急措施；

（二）具体的召回措施；

（三）召回的负责机构、联系方式、进度安排等；

（四）需要报告的其他事项。

机动车生产者应当对召回计划的真实性、准确性及召回措施的有效性负责。

第二十二条　机动车生产者应当将召回计划及时通知机动车经营者，并自提交召回计划之日起 5 个工作日内向社会发布召回信息，自提交召回计划之日起 30 个工作日内通知机动车所有人，并提供咨询服务。

国家市场监督管理总局应当向社会公示机动车生产者的召回计划。

第二十三条　机动车经营者收到召回计划的，应当立即停止销售、租赁存在排放危害的机动车，配合机动车生产者实施召回。

机动车所有人应当配合生产者实施召回。机动车未完成排放召回的，机动车排放检验机构应当在排放检验检测时提醒机动车所有人。

第二十四条　机动车生产者应当采取修正或者补充标识、修理、更换、退货等措施消除排放危害，并承担机动车消除排放危害的费用。

未消除排放危害的机动车，不得再次销售或者交付使用。

第二十五条　机动车生产者应当自召回实施之日起每 3 个月通过机动车排放召回信息系统提交召回阶段性报告。国家市场监督管理总局、生态环境部另有要求的，依照其要求。

第二十六条　机动车生产者应当自完成召回计划之日起 15 个工作日内通过机动车排放召回信息系统提交召回总结报告。

第二十七条　机动车生产者应当保存机动车排放召回记录，保存期限不得少于 10 年。

第二十八条　国家市场监督管理总局应当会同生态环境部对机动车排放召回实施情况进行监督，必要时可以组织与机动车生产者无利害关系的专家对召回效果进行评估。

发现召回范围不准确、召回措施无法有效消除排放危害的，国家市场监督管理总局应当会同生态环境部通知生产者重新实施召回。

第二十九条　从事机动车排放召回监督管理工作的人员不得将机动车生产者、经营者和排放零部件生产者提供的资料或者专用设备用于其他用途，不得泄露获悉的商业秘密或者个人信息。

第三十条　违反本规定，有下列情形之一的，由市场监督管理部门责令改正，处三万元以下罚款：

（一）机动车生产者、经营者未保存相关信息或者记录的；

（二）机动车生产者、经营者或者排放零部件生产者不配合调查的；

（三）机动车生产者未提交召回计划或者未按照召回计划实施召回的；

（四）机动车生产者未按照要求将召回计划通知机动车经营者或者机动车所有人，或者未向社会发布召回信息的；

（五）机动车经营者收到召回计划后未停止销售、租赁存在排放危害的机动车的；

（六）机动车生产者未提交召回阶段性报告或者召回总结报告的。

第三十一条　机动车生产者依照本规定实施机动车排放召回的，不免除其依法应当承担的其他法律责任。

第三十二条　市场监督管理部门应当将责令召回情况及行政处罚信息记入信用记录，依法向社会公布。

第三十三条　非道路移动机械的排放召回，以及机动车存在除排放危害外其他不合理排放大气污染物情形的，参照本规定执行。

第三十四条　本规定自 2021 年 7 月 1 日起施行。

关于印发民航贯彻落实《打赢蓝天保卫战三年行动计划》工作方案的通知

民航发〔2018〕95 号

民航各地区管理局，各运输（通用）航空公司、各服务保障公司、各机场公司，直属各单位，中国航空运输协会，中国民用机场协会：

　　现将《民航贯彻落实〈打赢蓝天保卫战三年行动计划〉工作方案》印发给你们，请认真贯彻执行。

中国民用航空局

2018 年 9 月 14 日

民航贯彻落实《打赢蓝天保卫战三年行动计划》工作方案（摘选）

坚决打好污染防治攻坚战是党的十九大作出的重大决策部署，加快改善环境空气质量、打赢蓝天保卫战是其中一项重要任务。国务院日前印发《关于打赢蓝天保卫战三年行动计划》（国发〔2018〕22 号）（下称《三年行动计划》），明确了打赢蓝天保卫战的指导思想、目标任务和具体措施，并将京津冀及其周边、长三角、汾渭平原等地区确定为重点区域。其中，明确民航相关的重点任务是加快推进机场场内"油改电"建设和大力推广飞机岸基供电（飞机辅助动力装置替代，下称 APU 替代）专项工作。为切实履行民航业生态环保职责，在推动民航强国建设中，系统有序推进民航绿色发展，落实《三年行动计划》相关规定，结合以往工作经验和行业发展实际，制定本工作方案。

一、总体要求

（一）指导思想

以习近平新时代中国特色社会主义思想为指导，全面贯彻落实党的十九大和十九届二中、三中全会精神，认真落实党中央、国务院决策部署和全国生态环境保护大会要求，坚持新发展理念，牢固树立"四个意识"，以改革创新为动力，坚持实事求是，坚守安全底线，强化规划引领，以机场场内车辆"油改电"和 APU 替代项目为抓手，不断推动行业结构性节能减排工作走向深入，坚决完成《三年行动计划》任务要求。

（二）基本原则

——坚持底线思维，务求实效。坚守安全这一航空运输生命线，紧扣打赢蓝天保卫战任务要求，加大生态环保工作力度，汇聚资源，加大投入，协同推动民航高质量发展和生态环境高水平保护。

——坚持责任担当，狠抓落实。发挥企业主体作用，强化时间节点意识，坚持问题导向、挂图作战，着力推动管理、融资、运行等模式创新；强化政府督察与服务作用，真抓严管，加快完善相关技术与运行标准体系。

——坚持远近结合，统筹协调。兼顾眼前与长远，着重处理好打赢蓝天保卫战和生态文明建设持久战的关系，充分发挥市场与政府两只手的作用，强化民航各单位间协同联动、民航运输业与相关装备制造业融合发展，努力形成共建共享共赢的良好局面。

（三）目标指标

经过 3 年努力，机场场内运行电动化水平显著提升，协同减少机场场内噪音和排放，明显改善机场场内空气质量和工作环境。

（四）实施区域范围

"油改电"项目实施范围是《三年行动计划》确定的京津冀及其周边、长三角和汾渭平原等重点区域内机场（下称重点区域机场，名单附后），以及非重点区域 2017 年旅客吞吐量 500 万人次以上机场（下称其他区域机场，名单附后；2018—2020 年旅客吞吐量超过 500 万人次的新增机场参照执行）。APU 替代项目实施范围是 2017 年旅客吞吐量 500 万人次以上机场（2018—2020 年旅客吞吐量超过 500 万人次以上的新增机场参照执行）。

本工作方案暂不适用未来三年有迁建计划机场以及不在上述实施范围内机场。下文所称"机场"若不做特殊限定，均指本方案适用机场。

二、加快机场场内车队结构升级

在满足民航机场设备技术标准和相关管理规定的前提下，选择适当的技术路径和产品，确保机场场内特种车辆平稳更替和不停航施工安全。

（一）推广使用新能源设备和车辆。自 2018 年 10 月 1 日起，除消防、救护、除冰雪、加油设备 / 车辆及无新能源产品设备 / 车辆外，重点区域机场新增或更新场内用设备 / 车辆应 100% 使用新能源（鼓励选用技术进步产品），在用国三及以下排放标准汽柴油设备 / 车辆实现 100% 尾气达标改造，不再引进汽柴油设备 / 车辆；其他区域机场新增或更新场内设备 / 车辆中，新能源设备 / 车辆占比不低于 50%，新增或更新场内汽柴油设备 / 车辆必须达到国四及以上标准，在用国三及以下排放标准汽柴油设备 / 车辆实现 100% 尾气达标改造。

（二）完善场内充电设施服务体系建设。各机场要开展供电系统升级改造及充电设施建设工作，努力建成数量适度超前、布局合理、智能高效的充电设施服务体系，充分满足场内车辆安全、高效运行。驻场单位在机场场内自有用地建设充电设施应坚持安全集约高效原则，并商机场后实施，避免重复建设、浪费资源。

（三）创新商业运营模式。在确保机场安全运行的基础上，各机场及其驻场单位应创新项目投融资、建设和运营模式，鼓励探索引入合同能源管理、专业运营服务商、设施设备共享平台等方式促进项目高效集约式发展；机场及其驻场单位要积极争取国家及地方相关政策支持。

三、推动靠桥飞机使用 APU 替代设施（略）

四、建立健全协同联动机制（略）

五、狠抓工作落实（略）

　　　　附件：1. 重点区域机场名单（略）

　　　　　　　2. 其他区域机场名单（略）

附　表　缩略语词汇注释

英文简称	英文全称	中文
ABT	Averaging, Banking, and Trading	平均，存储，交易
CARB	California Air Resources Board	加利福尼亚州空气资源委员会
CHTC	China Heavy-duty Commercial Vehicle Test Cycle	中国汽车行驶工况
CV	Crankcase Ventilation	曲轴箱通风
DOC	Diesel Oxidation Catalyst	柴油氧化性催化器
DPF	Diesel Particulate Filter	柴油机颗粒过滤器或颗粒捕集器
DTC	Diagnostic Trouble Code	故障码
ECE	Economic Commission of Europe	联合国欧洲经济委员会汽车法规
ECU	Electronic Control Unit	电子控制单元
EEV	Enhanced Environmentally Friendly Vehicle	环境友好车辆
EGR	Exhaust Gas Recirculation	废气再循环系统
ELR	European Load Response Test	欧洲负荷烟度试验
EPA	Environmental Protection Agency	美国国家环境保护局
ESC	European Steady State Cycle	欧洲稳态试验循环
ETC	European Transient Cycle	欧洲瞬态试验循环
FAME	fatty Acid Methyl Ester	脂肪酸甲基酯

英文简称	英文全称	中文
FEL	Family Emission Limits	系族排放限值
FTP	Federal Test Procedure	联邦测试程序
GCW	Gross Combination Weight	组合总重量
GVM	Gross Vehicle Mass	车辆最大总质量
GVW	Gross Vehicle Weight	车辆设计总质量
HDOE	Heavy-duty Otto-cycle Engines	重型奥托循环发动机
HHDDE	Heavy Heavy Duty Diesel Engine	重重型柴油机
HRFF	High Frequency Reciprocating Rig	高频往复装置
ILEV	Inherently Low Emission Vehicle	固有低排放车辆
LEV	Emission Vehicle	低排放车辆
LHDDE	Light Heavy Duty Diesel Engine	轻重型柴油机
LLC	Low Load Cycle	低负载循环
LNT	Lean NO$_x$ Trap	NO$_x$ 捕集器（或 NO$_x$ 吸收器）
LPG	Liquefied Petroleum Gas	液化石油气
MDDE	Medium Duty Diesel Engine	中型柴油机
MHDDE	Medium Heavy Duty Diesel Engine	中重型柴油机

英文简称	英文全称	中文
MODE	Medium-duty Otto-cycle Engines	中型奥托循环发动机
MPW	the Mileage and Payload (Passenger) Weighting Factor	有效载荷加权因子
NG	Natural Gas	天然气
NHTSA	National Highway Traffic Safety Administration	美国国家公路交通安全管理局
NTE	Not to Exceed	非标准循环
OBD	On-Board Diagnostics	车载诊断系统
OBM	On-Board Monitor	车载监控系统
OTLs	OBD Threshold Limits	OBD 限值
PEMS	Portable Emissions Measurement System	实际道路行驶测量方法 / 便携式排放测试系统
PTO	Power Take Off	动力输出装置
RMC-SET	Two Ramped Mode Cycles-The Supplemental Emissions Test	带过渡工况的补充排放测试
SCR	Selective Catalytic Reduction	选择性催化还原
SET	Supplemental Emission Test	稳态循环
SULEV	Super Ultra-Low Emission Vehicle	超级超低排放车辆